瘦身思慕雪

[德国] 尚塔尔－弗勒尔·桑德容 著　高杉 译

译林出版社

理　论

思慕雪带来的健康与纤细

小雪泥，大功效

来自大自然的神奇武器

实 践

思慕雪餐

具体的思慕雪方案

开启思慕雪周

七天思慕雪方案

你的食谱库

以思慕雪餐作为新的开始

服　务

HEAT
WAVE

尚塔尔-弗勒尔·桑德客

营养学家，生食发烧友

"千里之行，始于足下"

——老子

写在前面

节食失败已成往事。有了这本书，你将了解到一种全天然且多样化的，快速、简单、有效的瘦身方法：含有丰富绿色和果味思慕雪的饮食。与极端的节食不同，这种方法更加注重瘦身中的乐趣和理想体重的长期保持。因此，除了思慕雪，还有可以饱腹并同时为身体排毒的美味菜品。

亮点：这里提到的方案将给你的身体提供许多重要的生命元素，同时帮你去掉零卡路里和发胖的食物，如白糖或成品食物。选择思慕雪，你既不必挨饿，也不必承受由此带来的新陈代谢失衡，相反，思慕雪会为你补足营养储备，并提供身体所需的全部，帮你自然地回到理想体重。因此，体重几乎是自然下降的。你在探索植物味道的新世界，而你的身体会用更多的能量和活力来感谢你。

选择思慕雪餐实际上是进入了一种新的、健康的生活方式。在正式进入节食期之后，书中也有大量食谱和提示来指导你。因为这本书想成为帮你获取更好的身体感受、更多的幸福感和生活乐趣的方法指南。

祝你成功，并有个好胃口！

思慕雪
带来的健康与纤细

思慕雪瘦身——通往理想体重的一个更简单、更温和、更有趣的途径。
踏上发现之旅，找到一种更轻松、更愉快、更有活力的全新生活方式。

小雪泥，大功效

快速搅拌制成的健康活力饮品——思慕雪，无论是纯绿的还是多彩的，都是众多美食中的领跑者。这种美味的正餐饮品能够强化免疫系统，提供我们身体所需的大量能量和所有营养素。而且，它还能为瘦身提供最佳支持。

在下面的几页中，你将对思慕雪那美丽而多彩的世界有更多的认识，并了解到为什么它配以简单的排毒菜会非常适合瘦身和排毒——带来一种全新的健康感受。

多彩又健康

20 世纪 60 年代，思慕雪首次出现在美国的烹饪书上，当时就已经征服了加利福尼亚州的海滩酒吧。因此，这种流行饮品来到德国也只是时间早晚的问题。今天，思慕雪已经成为许多人食谱中的一个固定的组成部分——无论是出于对健康考虑还是为了丰富味觉体验。用搅拌机调制的思慕雪制作迅速且简单易行，必然使这种多彩的饮品受到人们的持续追捧。

在本书中你将了解到的思慕雪均选用高品质的食材。这些口味醇厚且营养丰富的成分将使糖类变得完全多余。而且，有了这种雪泥，摄入由德国营养协会（DGE）推荐的“每日五份”，也就是五份水果和蔬菜，就不成问题了。此外，这种正餐饮品使我们的身体用于消化上的能量消耗变少，从而能够直接利用更多的营养素。你的免疫系统、皮肤、能量水平和腰围都将由此获益。

思慕雪是一种健康的快餐。它制作迅速且易于运输，特别受到那些积极活跃的、想要享受生活又没有时间消磨在厨房里的人的欢迎。思慕雪提供了一种最简单又最美味的可能——直接从玻璃瓶中享用健康。

用什么制作思慕雪

在书中，你完全可以根据口味来选择思慕雪的浓度和成分。你只需遵循自己的饮食偏好和目标（如瘦身或提高免疫力）即可。两个简单的规则可以帮助你从一杯思慕雪中取得最大收获。

1. 再见，糖和奶油

超市和快餐连锁店供应的许多传

小贴士

概念

“思慕雪”来源于英文“光滑的、细腻的（smooth）”一词，指具有柔和而顺滑的浓稠度的饮料。这是将各种液体和固体成分，如水果、蔬菜、水、坚果和种子通过搅拌机打成的雪泥。不同于榨汁，它的饱腹的纤维素得以保留下来。

统雪泥所包含的养料，更多的是提供给我们的臀部，而非健康所需。其实，在制作一杯美味的思慕雪时，糖或奶油并不是必需的。

因为如果成分合适，就自然会产生甜味或乳脂感。因此，抛开糖和奶油吧——你会认识极好的替代品。

顺便说一句，零卡路里的人造甜味剂也是不属于思慕雪的。越来越多的研究给人造甜味剂贴上了发胖食品而不是节食助手的标签。

2. 你好，健康成分

新鲜思慕雪中使用的所有成分都会使你的身体受益。与许多成品食物中的化学物质不同，这里采用的都是天然物质，且每一种都具有许多积极属性。例如，菠萝可以通过特定的酶促进蛋白质的消化；香蕉由于其钾含量高，可以帮助身体排水；菠菜提供了丰富的维生素和保护细胞的抗氧化剂（如铁、钙和植物蛋白）——这份名单可以无止境地列下去。因此，在每天的食谱中选择思慕雪，或者选择思慕雪方案瘦身，也就是选择了健康、舒适和生活乐趣。

基于这两条规则，你可以创造出多种多样的思慕雪：首先是果味思慕雪，其重点是新鲜的水果，不仅健康，还非常美味。除此之外，还有来源于植物成分的名副其实的蛋白质炸弹，即天然的绿色思慕雪。

特制饮品——绿色思慕雪

绿色思慕雪含有丰富的叶类蔬菜，其中有些叶类蔬菜进行过激冷处理。绿叶植物含有无与伦比的高营养密度（见第 54 页），这可以通过涩口发苦的味道体现出来。绿色思慕雪的优点是，通过添加 50% 的水果，只留下一点点绿叶植物的苦涩口感。如此，你便可以通过不寻常的生食菜泥的方式享用绿色蔬菜。鉴于卡路里含量低且富含能产生饱腹感的纤维素，以及在进食后血糖上升缓慢，因此绿色思慕雪在瘦身方面表现出色。绿色思慕雪的爱好者们谈到了这样的感受：不怎么想吃多油多盐的东西或甜食，而且会有长时间的饱腹感和更多的精力。这使得瘦身变得轻而易举。

除了纤维素、多种维生素、矿物质和保护细胞的植物营养素（抗氧化剂），以及大量蛋白质之外，绿色思慕雪还为我们提供了丰富的叶绿素（见第 26 页）。只要你习惯了这种特别的颜色，你肯定会迅速爱上这些健康的“鸡尾酒”，而你的身心也会感谢这个新的选择。

在身体与自然的协调中瘦下来

思慕雪方案不是速战速决的极端节食！选择思慕雪，就是选择与自己的身体进行一场充满爱的交流；是选择不以垃圾食品为食，并解放身体负担——你想摆脱的多余体重。

越来越多的人开始关注他们的衣服和食物来自哪种原料，在什么条件下生产；关注搭乘轨道交通或者骑自行车可以减少多少碳排放，以及单独供电者为环境做了些什么。但是长期以来，针对瘦身我们首先采取的方式是节食，而节食不仅对我们的身体健康有损害，同时购买瘦身产品带来的大量包装垃圾也会给环境造成污染。而且许多节食方案都会导致我们的身体过度酸化，因为它们建议我们摄入大量动物蛋白，或者必须购买昂贵的瘦身产品。而其中大多数瘦身产品还会伴随一个非常讨厌的副作用：溜溜球效应。在节食期间抑制卡路里和营养素的摄入会造成减掉的体重在节食期后又加倍地长回来(见第 146 页起)。

本书介绍的思慕雪方案不同于其他的节食方案：

- 它使人在一种自在的生活方式中愉快地瘦身。
- 它促进长期采用健康饮食方式的兴趣。
- 它符合自然，而不是对抗自然。
- 它将代替饥饿疗法，摆脱溜溜球效应，正餐饮品和排毒菜可提供丰富的营养素。

此外，这个方案可以因你的需求而调整，所以你最好从第 46 页的测试开始进行。

一种美好的生活感受，感到身体的完全舒适。

开始之前：选择思慕雪方案的五个理由

是什么使这里介绍的瘦身方法如此容易、如此有成效？可以总结为以下五点。

1. 用营养素炸弹代替卡路里炸弹

维生素、矿物质和微量元素等微量营养素是你身体中新陈代谢的发动机。另外，它们还填补了你的营养储备，并给予你的身体所有——恰好是在瘦身时需要的物质。

因此，思慕雪消除了善饥症发作或似乎有无限食欲的一个主要原因：虽然在偏食或节食时，身体也得到了足够甚至过多的营养素（脂肪、蛋白质和碳水化合物）供应，但是没有足够的微量营养素。因此，身体仍处于饥饿状态，因为身体对微量营养素的需求并没有得到满足。思慕雪发挥效用的方式不同：它抑制的正是这种饥饿感。作为额外奖励，与果汁疗法不

美味的芒果思慕雪食谱见第 125 页。

同，思慕雪还富含纤维素——它能够减慢血糖水平的上升，并且制造更长时间的饱腹感——与善饥症说再见！

2. 健康的要求

富含营养素的混合物还有一个积极作用：通过准确提供身体真正需要的，而使你对不健康食物的兴趣迅速被对营养食品的热情所取代。至今为止你使用的那些方案往往让你变得虚弱，从现在起，你有了美味又健康的选择——思慕雪。你几乎是自动喜欢上了水果和蔬菜的口味，也由此改变了你的胃口。因此，思慕雪成为我们开启一场纤体植物世界美食之旅的契机，并从中发现新的味觉世界，从而在享受中瘦身。

3. 自然地享受，自然地瘦身，自然地生活

思慕雪方案远不只是节食。由于重点是植物食品，它还有很强的排毒效果，更多信息请参见第45页。但是这还不够，思慕雪疗法的目标在于获得瘦身的长期成功，以及毫不费力地过渡到健康的生活方式上，不再出现其他方案中常有的情况——在节食后想要把所有曾避免的都补回来。以此为出发点，你会在这里发现许多食谱和相关提示，如思慕雪。

小贴士

搅拌带来更多营养素

为了从植物性食物中摄入所有营养素，我们须在每一餐中尽量彻底充分地咀嚼，可惜这往往是做不到的，尤其是在时间紧迫的情况下进食。在思慕雪中，搅拌机承担了这个任务，通过制成雪泥打破了所有蔬菜和水果的细胞壁。这样，我们不只是得到了更多的营养素，而且还能够真正地利用它们。

4. 还是口味的问题

为了长期保持理想的体重，膳食中的愉悦和乐趣不可缺失。如果缺少了这样的感受，就会大大限制我们在瘦身时的愉悦感，那么，就会伴随著名的溜溜球效应一再地出现善饥症和挫败感。

思慕雪瘦身方案提供的是享受和无须后悔地大吃大喝，而不是放弃，因为从第 101 页起介绍的所有思慕雪和排毒菜在口味上也都是令人称赞的。这就确保了你每天的思慕雪不仅拥有好品质，而且美味！

5. 瘦身 + 运动

最后，这份建议想要帮助你在饭菜之外也巩固或确立一种充满活力的生活方式。因此，你在这里会找到一些有关运动这一主题的技巧和建议，它们独立于纯粹的进食行为，使你的瘦身更加容易。科学研究表明，伴随规律运动的瘦身才是最成功的，而思慕雪方案的目标正是长期保持瘦身的成功！因此，去寻找一种真正给你带来乐趣，而且你想要（也能够）定期去做的运动。

来自大自然的神奇武器

思慕雪是大自然的馈赠，因为它们含有丰富的生命元素。在这里，你会了解到思慕雪中究竟藏着什么，以及它们是如何帮助你瘦身的。

带来活力的生命元素

“营养素”这个概念包含了一系列不同的物质。它们在营养价值、对身体的意义以及对健康的影响上都有很大的不同。

一方面它为我们的身体供应能量，即所谓的宏量营养素。它们以碳水化合物、脂肪和蛋白质的形式为我们提供了所有身体机能所需的燃料。它们在食物中的计量单位就是卡路里。一种食品中含有的卡路里越多，它能为我们提供的能量就越多。

问题就在这里，由于在日常生活中缺乏运动以及过于丰富的食品选择，我们的能量摄入常常超出了我们身体的需求。当身体将这些多余的能量转化为脂肪，我们就长胖了。

另一方面，在微量营养素（它们不是白白地被叫作生命元素）的摄入方面，情况有所不同。这些维生素、矿物质、微量元素和植物营养素提供的是纯粹的活力，而不是能量。它们在所有重要的代谢过程中起着核心作用，对我们的健康至关重要。遗憾的是，过量的卡路里并不意味着微量营养素的充足供应。而零卡路里的消耗其实往往只是助长了脂肪的储备。

思慕雪可以调整宏量营养素和微量营养素之间的比例！它们含有丰富的维生素、矿物质、微量元素和保护细胞的珍贵的植物营养素，而没有零卡路里食品不必要的负担。

多种微量营养素

人体自身无法合成微量营养素，因此，从饮食中足量地摄入它们是绝对必要的。

矿物质和微量元素

我们的身体需要矿物质和微量元素来建立内源性物质，例如骨组织，并保持它们在电解质中的平衡。缺乏钙、铁、锌等元素会出现各种症状，如疲劳、注意力不集中、肌肉痉挛，以及皮肤或发质问题等。叶类蔬菜中含有丰富的矿物质。

小贴士

零卡路里

所谓的零卡路里食品虽然也提供能量，但不提供或仅提供极少量生命必需的微量营养素。它们没有填补我们的营养库存，反而常常从我们的身体中取走重要的矿物质和维生素。

例如酒精、白糖和白面粉，都属于零卡路里食品。

维生素

每餐都不能缺少这些有机物质。从造血到调节代谢，它们参与了大量的生理过程。

由于维生素对氧气和热常有敏感的反应，所以富含维生素的水果和蔬菜应当在新鲜状态下烹制和食用。如果能生吃，那是最好的。

植物营养素和抗氧化剂

据研究，有超过一万种的所谓植物营养素，也就是主管植物的颜色和味道的植物化学物质，如类黄酮、类胡萝卜素和植物甾醇。它们能保护我们的细胞，对抗炎症和高血压，并且有预防癌症的作用。我们餐盘中水果和蔬菜的颜色越丰富、种类越多越好，因为这样我们就能摄入更多不同的植物营养素。

植物营养素作为抗氧化剂和自由基清除剂的功效是十分重要的。自由基是一种缺乏电子的不稳定含氧分子，它们通过寻找缺失的成分并与之结合从而侵蚀人体细胞。抗氧化剂通过“自愿”与自由基结合而保护机体免受侵害、疾病和提早衰老。重要的抗氧化剂包括维生素 C 和维生素 E，以及维生素 A 原，还有酶、多酚，如白藜芦醇。

纤维素

水果、蔬菜、谷物、种子和坚果中的植物纤维具有许多有益的功效。

小贴士

新鲜的更好

在一项研究中，将 β 胡萝卜素（维生素 A 原）和维生素 C 作为营养补充剂给被试者服用，它们并没有充分发挥抗氧化的作用。而对照组则食用了很多富含这些物质的新鲜水果和蔬菜，它们的抗氧化作用却得以较充分地发挥。这表明，抗氧化剂的全部功效在自然状态下就可以被充分发挥。

你知道吗？

植物营养素主要是在外壳和叶子中发现的。这意味着，要尽可能食用不削皮的有机水果和蔬菜。

它们不会在大肠中被消化，但可以提供健康的肠道菌群并保证废物顺利地排出体外。此外，它们还有助于降低血糖水平，因为在高纤维食物中碳水化合物的消化过程缓慢，从而保证血糖水平仅适度上升。另外，它们还能使你有长时间的饱腹感。

酶

酶虽然不是能量供应者，但它们被称为真正的生命救星。酶作为催化剂可加速体内的生化反应和过程，甚至使这些反应和过程成为可能。由于加热会使酶遭到破坏，所以它们主要存在于生食中。

市场或有机食品商店中的健康新鲜食材会使人苗条。

营养密度代替卡路里含量

当你定期食用思慕雪时，这里提到的所有营养素对你都是有益的。在思慕雪时代，卡路里计数和对超市中食品成分表的详细分析都已经过时了。由于只食用高营养价值的食品，也就无须担心不必要的零卡路里食品和人工添加剂的存在了。

思慕雪方案把你的注意力完全转移到宏量和微量营养素的摄入上，也就是食品中所有对“生命”承担责任的物质。不用去考察一种食品中含有多少蛋白质、脂肪和碳水化合物，也无须了解它们对健康和舒适的影响，你在思慕雪方案中首先应该感兴趣的是食品的营养密度。这指的是每卡路里中含有的微量营养素的比例。所以，比萨饼和小熊糖虽然含有大量卡路里，但只有很小一部分的微量营养素。因此，它们的营养密度并不高。相反，高营养密度往往出现在叶类蔬菜，以及其他蔬菜和水果中——它们正是思慕雪的基础！

小贴士

生食意味着活力

烹饪时，食物往往被加热到 42℃以上，这使得食物中的酶和热敏感的维生素，以及植物营养素都遭到破坏，具有植物力量的食物就会变得无法食用。与之相反，思慕雪是宝贵的生食品。在思慕雪中，新鲜水果和蔬菜的水分含量都很高，不仅使我们产生饱腹感，同时还提供身体所需的液体。而高纤维素含量也能使人有长时间的饱腹感。此外，大多数对生食有消化问题的人也都喝得了思慕雪。搅拌得非常细腻的思慕雪甚至可以在晚上享用，它们消化起来快速且容易——这样你便可以无负担地进入梦乡。

营养素——脂肪燃烧者

计算脂肪燃烧的方法很简单：想要摆脱 1 千克纯脂肪，必须燃烧掉 7000 大卡的能量。燃烧脂肪一方面可以通过增加运动，另一方面也可以通过某些能够促进脂肪燃烧的营养素来实现。例如，镁对于分解和溶解脂肪十分重要，锌可以作用于大脑中的食欲中枢，而维生素 B_2 在营养素的利用上非常关键。只要给身体提供了这些神奇的助手，那就无须担心善饥症发作后对食物的渴望了，因为身体已拥有它所需要的东西。

蛋白质、脂肪和碳水化合物的作用

当然，宏量营养素在思慕雪节食期间也很重要。在健康的饮食方式上它们不是最关键的，但它们却完成了我们身体运作的根本任务。

蛋白质带来苗条?

在许多节食方案中，蛋白质都是非常受欢迎的。有些节食方案的基础甚至是大大增加蛋白质的供给并禁止碳水化合物的摄入。

但这使我们的身体开启了一个紧急方案，增加蛋白质带来的效果主要是排水，脂肪的分解则极少。此外，蛋白质负担重的节食方案使身体过度酸化，这对健康和长期瘦身反而会产生不良影响。在思慕雪餐中，蛋白质虽然不是主要角色，但却隐藏在被大量食用的植物性食物中。

脂肪之于体重

在瘦身时，没有脂肪什么也做不了，因为它们对于新陈代谢、激素的形成，以及运输可溶解脂肪的维生素 A 和维生素 E 来说是必不可少的。一般来说可分为饱和脂肪酸和不饱和脂肪酸。饱和脂肪酸主要存在于动物食品如黄油、香肠和奶酪中。它们在人体脂肪中的含量不应超过总脂肪摄入量的 30%，因为这种脂肪会迅速积累在臀部上，并提高低密度胆固醇水平，即血液中的“坏胆固醇”的量。特别是要远离存在于许多成品食物中的不饱和脂肪酸（反式脂肪）——它们在将液态植物油加工成固态工业脂肪的化学过程中形成，在煎炸的强加热过程中也能形成。由于这些反式脂肪的异化结构，人体拿它们没有办法，只能储存于脂肪堆中，以便不会造成更大的伤害。但这就形成了没有必要的、不断增长的“游泳圈”。

不饱和的永远是好的

与饱和脂肪酸相比，不饱和脂肪酸对我们的身体有着几乎相反的效果。作为饮食中的必要物质，不饱和脂肪酸首先可以成倍地降低低密度胆固醇水平，为我们的神经细胞提供能量并为我们的大脑提供充沛的动力。因此，可以充分享用食谱中的坚果和种子，它们是瘦身的帮手而不是障碍！

优质的油脂是健康的，甚至可以帮助我们瘦身。

亚麻籽是亚麻的果实，富含宝贵的不饱和脂肪。

碳水化合物

在传统的节食中，碳水化合物往往是令人难以接受的，但就像脂肪一样，碳水化合物这种宏量营养素的价值和可使用性也存在很大的差异。对我们的瘦身来说尤为重要的是，碳水化合物在何种情况下被吸收。如果它们伴随纤维素，例如，在蔬菜和水果中，或者在豆类和全麦食品中被吸收，那么餐后血糖水平只会缓慢上升，并且会同样地缓慢下降。因而避免了激素胰岛素在吸收白糖或白面时的迅速排出，使善饥症无机可乘。

使你苗条和快乐的绿色：叶绿素

绿色思慕雪尤为活力充沛。正如我们所了解的，地球上的生命没有叶绿素是不可想象的。因为没有这个绿色的植物色素就不会产生光合作用——从太阳能中最终产生碳水化合物的过程。叶绿素是服务于我们身体的最重要的营养素。肌肉本身也是转化了的植物力量。

叶绿素对健康的作用几乎是取之不尽、用之不竭的，迄今为止还没有全部被开发出来。“绿脉”植物在其组成和功能上与人体的血红蛋白非常近似。因此，食用绿叶植物对我们的血液循环有积极作用，它可以减轻贫血症状并帮助治疗血液疾病。此外，它还能促进血红细胞的生成，并因此在细胞再生和氧的运输中具有重要作用。

此外，叶绿素所具备的储氧作用刚好是瘦身的关键。因为细胞获得的氧越多，这些营养素就可以被身体越好地吸收和加工。

五个好处

五个“绿色的”理由说明了为什么叶绿素可以在瘦身的过程中给你提供支持。

1. 和谐与集中

尤其是在压力大的时候，它有助于帮助身体轻松应对压力。目标明确的瘦身总会是身体特别有压力的一段时期，这时足够的叶绿素就派上用场了。

2. 基础作用

体内的酸过多往往就会表现为顽固的脂肪沉积。在思慕雪中，我们与其基础作用的营养物，如富含叶绿素的叶类蔬菜一起，宣告与体重做斗争，更多信息请参见第 45 页。

3. 健康的肠道菌群

在含氧环境下，通过植物色素可以使有益的需氧菌很好地生长，而有害菌的培养基则被撕裂。结果是使身体更好地消化和吸收营养，以及定期排出废物。绿叶蔬菜中的高纤维素含量则进一步增强了这种效应。

小贴士

叶绿素与癌症

叶绿素在癌症治疗和肿瘤预防方面所发挥的作用，是证明其拥有高潜能的一个很好的例子。

一项研究结果表明，叶绿素可用于治疗结肠直肠癌。值得注意的还有叶绿素对我们肺的影响，它不仅保护肺，还中和了一定程度的空气污染或香烟烟雾对我们的健康造成的不利影响。因此，世界卫生组织（WHO）和其他领导机构都推荐了富含叶绿素的食品作为个人预防癌症的重要饮食组成部分。

4. 为了细胞的健康

叶绿素可以帮助人体净化、修复和重建细胞，并使我们的细胞实现最佳运转，所以自然会反映在一个整体健康有活力的身体中。

5. 特别有助于排毒

它能净化我们的血液，有助于消除环境和饮食中的有害物质，支持器官的净化活动，并能够使我们的身体免于有毒的重金属（如汞）的侵害。同样，获得的内部净化越多，我们身体的负担就越少——包括多余的脂肪。

绿色来源

一种植物的叶绿素含量可以从它们的颜色上看出来。一般来说，绿色越深，叶绿素含量就越多。因此，圆生菜不是一个很好的叶绿素来源，而欧芹、西蓝花、菠菜和野莴苣则远胜于它。

除了蔬菜的颜色外，其处理方法对于尽可能多地吸收叶绿素来说也是至关重要的。由于该物质对热很敏感，所以建议尽可能生食绿叶蔬菜——例如思慕雪方案中众多可口的绿色思慕雪或沙拉！

除了那些我们厨房里的常客——传统的绿色种植植物之外，螺旋藻和小球藻之类的藻类以及野菜，也可以成为叶绿素的供应者。

野菜不仅看上去很漂亮，而且有特别高的健康价值。

享用野菜

经常被当作杂草而被园丁责骂和厌恶的野菜绝对是当下的厨房潮流，并且升级为绿色产品分类中的神秘巨星。它们未经人类之手而生长在天然土壤中，也没有园丁或农民帮助它们对抗日常环境中的竞争者和天敌，它们自然生长，并从水、阳光和土壤中汲取全部能量。这不但表现在它们强烈的苦味上，同时也表现在其特殊的营养素成分上。例如，荨麻具有七倍于橙子的维生素 C 含量，仅100 克就可提供三倍于人体每日所需的最重要的瘦身和抗衰老营养素的量。

与这种情况十分相似的是燃烧脂肪的矿物质：雏菊甚至含有三倍于球叶莴苣和野莴苣的镁含量。在农田中的每 100 克菠菜含有 120 毫克的钙，而荨麻（630 毫克）、法国香草（410 毫克）和爵床（320 毫克）就使菠菜显得相形见绌了。许多野菜的苦味物质也是非常有好处的，因为苦味物质对消化有非常积极的作用，此外还能调节我们对甜食的食欲。我们今天的饮食中几乎不会出现苦味的食物，从这个角度来看，野菜是一种有价值的补充，正如研究且证实它有保健预防的作用。

因此，下次不要跟你花园中的羊角芹或蒲公英生气了（这只会产生皱纹），应该为一份免费的营养素精华而感到高兴，并把它塞进搅拌机。

采集野菜

如果你想自己在外寻找野生植物，那么最好购置一本好的野菜指南，或参与有专业人士指导的远足。在任何情况下，避免高污染的或狗主人爱去的区域。在森林边缘或草地上，甚至在自家的花园中，你常常可以发现意想不到的珍宝。但要记得，只收集你可以清楚辨认的野菜。三叶草、荨麻和洋甘菊等经典食材可以制作富于变化的思慕雪和排毒餐。

小贴士

购买野菜

许多有机食品商店和超市中都有野菜沙拉。如果寻找和采摘野菜很困难，那么这也是个便捷的选择。

尊敬自然，不要把植物整棵拔出来，只采摘嫩叶，使剩余部分可以再生，这是非常有意义的。通过这种方式，所有人都能得到无限的野菜乐趣！

慢慢品味

建议你慢慢地进入野生蔬菜的世界。一方面，如果迄今为止你的餐桌上——或者搅拌机里——只有温和的种植植物，那么你得逐渐习惯许多野菜芳香和苦涩的味道。太多的好东西会使你对绿色思慕雪的乐趣迅速变大。另一方面，如果你迅速添加大量野菜，则会在健康方面出现强烈的排毒症状，如头痛或痘斑（见第54页），这意味着身体的负担过重。对此，我们可以通过一个温和的适应期，以慢慢增加野菜的食用量来轻松地避免。

小贴士

低温冷冻模式

野菜只能在冰箱中保持一两天的新鲜。因此，夏天冷冻一些额外的量，冬天你就可以定期在你的思慕雪中添加一点绿色野菜了。因为冷冻能够在很大程度上保存营养物质。

包括排毒

瘦身的同时也在排毒，这是思慕雪方案的诸多好处之一。

如今，排毒是妇孺皆知的事情。这是正确的，因为净化和排毒能促进健康，使身体回到平衡状态并恢复天然的自愈力。但同时，大量排毒产品和排毒方案也把人们搞糊涂了，其中有一些产品或方案对健康的益处不大。究竟我们所理解的排毒是什么呢？本页上有一个非常简单而明确的定义。

排毒是一种
清除体内毒素的措施
或饮食形式，
是通往健康和
（或）理想体重的道路。
它有三种作用方式：
净化、排毒及去酸化。

思慕雪方案遵循这样一种说法：它让身体得到休息，清除遗留废物并找回自己的平衡状态。思慕雪膳食中不含反式脂肪（见第24页）、人工添加剂、甜味剂和色素，以及产生高酸的食物，身体能够最终分解并排出迄今为止沉积的所有毒素。同时还能平衡酸碱，使所有的生命进程可以重新无障碍地运转，并逐渐恢复细胞健康。在所有层面上你都可松一口气。富有活力的思慕雪同时提供了一个细胞重生的好机会，因为进食思慕雪后细胞中的营养素完全是满溢的。排毒与思慕雪方案可以一起提供细胞、身体和情绪三个层面的净化。常规节食很少能有这样的额外功效。

小贴士

酸碱平衡

人体系统在强相互作用的进程中会表现得非常复杂。对于人体无障碍运行来说，尽可能恒定的酸碱平衡是必要的。这可以在血液中进行测量，体内酸碱平衡时 pH 值应为微碱性 7.4，但这在一天中会存在轻微的变化。在尿液中也能够检查 pH 值，你可以从药店中购买相应的试纸在家中很方便地自行检查。当 pH 值高于正常水平时，通常会出现过度酸化，症状表现为疲劳、心烦或易受感染。除了压力和缺乏运动之外，这主要归因于带有即食品、糖、肉、咖啡因和酒精等产生高酸的饮食。重归酸碱平衡可以通过基本的营养食品——思慕雪——来实现。

国王级：有机、区域性和季节性

思慕雪主要由营养丰富的新鲜绿叶植物、水果和蔬菜组成。基于它们含有的丰富营养素，以思慕雪的形式大量食用这些食材，自然有许多健康上的益处。

但是另一方面，传统种植植物也可能意味着你摄入了大量农药和化肥残留物。由于这个原因，你应该尽可能选择有机食品。这种方式既可为自己的健康做出选择，同时也有助于自然资源的可持续利用。因为这也是根据生态准则管理自己土地的农民和园丁所关注的核心。

有机种植，在你自己的花园里自然特别有益。

小贴士

肮脏“十二罗汉”

以下水果和蔬菜含有较多的农药残留：苹果、芹菜、辣椒、油桃、桃子、黄瓜、葡萄、浆果、樱桃、绿叶蔬菜、西红柿和土豆。因此，在购买以上水果和蔬菜时，请尽可能只选择有机产品。

预订和外送服务

一些从事有机种植的农民可以提供每周供应一整箱时令水果和蔬菜的服务。通常有不同的尺寸可供选择，以便获得对你的家庭来说理想的分量。你也可以调整产品的组合。试试看，你会以一个不错的价格得到高品质的食物，用搅拌机或炉火获得新菜谱的灵感。

部分有机胜于完全非有机

可惜对许多人来说，有机食品还是一个价值连城的奢侈品，还有些人则住得离优质有机商店或有机供货商很远，以至供货商无法送货到他们那里去。因此，你只能在超市或周末市场挑选有机食品，而且要仔细留意什么品种的水果和蔬菜是最优选择。本页的小贴士可以在选择时为你提供帮助。它说明了传统种植的哪些品种有特别多的农药残留，而哪些品种残留较少，因而更有可能是无害的。

另外，产地也是非常重要的，来自德语区的传统商品通常会比来自其他国家的水果和蔬菜少一些农药残留。但是在任何情况下，彻底清洗都是必要的，即使是有机产品。

是本地的也是时令的

使用本地产品是制作最优质思慕雪的另一种可能。因为食物中大部分的维生素、矿物质和植物营养素在短途运输中可以得以保留，而在长期存储和远途运输中则会流失。同时，本地产品总是意味着时令水果和蔬菜。你的膳食要符合你的内在节奏，而它总是与当地的季节性周期相一致。

小贴士

清洁“十二罗汉”

这些产品的农药残留通常较少，即使是传统种植的也可以安心食用：芦笋、牛油果、卷心菜、瓜类、茄子、柚子、奇异果、芒果、木瓜、菠萝、洋葱，以及人工食用菌，如香菇。

超级食物适用于超级思慕雪

在使用思慕雪瘦身方案期间及以后，这种健康饮品都会是你日常生活的固定组成部分。这就说明了为什么通过变化来保持快乐是十分重要的。这种变化可以通过不时地使用超级食物来实现。所谓超级食物，即以高浓缩的形式且具有植物世界超级力量的一些特定天然产品，其营养素含量异常的高。

虽然本地的浆果、新鲜的蔬菜或爽口的豆芽也都是小型能量包，但超级食物通过其特殊的成分和有益健康的特性为我们提供了一流的升级版思慕雪。超级食物的高营养力也意味着每份思慕雪中只需使用1—2茶匙的量就可以完全发挥它们的效力了。对你的思慕雪来说，五种最好的超级食物是：

1. 可可

生可可豆含有比绿茶更多的抗氧化剂，以及大量矿物质和纤维素。作为超级食物女王和“神的食品”，它因对情绪的异常功效而特别出众，其天然成分苯乙胺和色氨酸能起到与在药品和麻醉剂中发现的化学成分苯丙胺类似的积极效果。此外，基于它的咖啡因和可可碱成分，生可可具有增强注意力和刺激兴奋的作用。在许多有机商店以及网上商店，都可以买到可可片、可可粉以及整粒的可可豆。

2. 玛咖

一种来自安第斯山脉高海拔地区的强大的超级食物。它是高负荷时期的理想膳食补充，因为它在再生作用中给肾上腺——人体生产肾上腺素的器官——提供支持。因此，它可以增强忍耐力和承受力，而且还可以作为一种性激素创造真正的奇迹。因此，请尝试每天食用1/2茶匙的玛咖粉吧。

3. 枸杞

由于其在传统中医里的地位十分牢固，枸杞这种亮红色的浆果近几年在德国也受到了追捧。这毫无疑问是正确的，因为它的抗氧化剂、B族维生素和维生素C的含量都非常高，不仅能加强我们的免疫系统，还能起到抗衰老的作用。为了便于在思慕雪中使用，应将这种浆果先在水中浸泡至少30分钟。

4. 谷物草

当谷类植物在处于幼苗和穗的中间阶段时，有一种营养价值非常独特的谷物草，这个阶段的植物具有最高的叶绿素和酶含量，并且足有20%的成分是完全蛋白质。研究发现，谷物草中含有100多种对我们的身体有积极作用的成分，如维生素和小麦草中的植物营养素。

谷物草可以自己种植。将谷粒在玻璃杯中放置一到两天，就像让豆芽发芽一样，然后摆在播种盘或铝制烤盘上。四到五天之后就可以切下谷物草并用于思慕雪的制作。你也可以把它们充分研磨成小麦草粉或大麦草汁饮用。1茶匙或1汤匙的谷物草就可以给高品质的绿色思慕雪“镀金”了。

小贴士

值得添加的额外补充

超级思慕雪是对多样化的保留饮品款式的精彩扩充。超级食物可在许多有机商店以及众多网上商店购买。

枸杞含有丰富的维生素，使我们保持健康和年轻。

5. 藻类

藻类是海洋的清洁工，也能对我们的身体起到排毒的作用。此外，小球藻、螺旋藻、水华束丝藻等含有一半以上的完全蛋白质，因此对活跃的人来说是完美的能量供应者。藻类具有较强烈的特殊味道，所以一开始只需加 1/2 茶匙在思慕雪中，然后慢慢加量。

膳食之于身体、思想和灵魂

在思慕雪方案中，瘦身不仅需要好好注意自己的身体，也要相应地照顾到我们的思想和灵魂。正如美妙多彩的正餐饮品的积极作用是多方面的一样，思慕雪新人试用一两天后报告的经验也是十分丰富的。尤其是内心重新获得的平静与平和使许多因体重原因而选择思慕雪餐的人感到惊讶。食用思慕雪后，不少人都感觉到了更加协调的人际关系和更加积极的生活态度。饮食不仅仅极大地影响着我们的身体，也同样（正面或负面地）影响着我们的思想和我们的能量水平。思慕雪以它宝贵的成分为身体、精神和灵魂提供了优质的服务。

绿色之于和谐

绿色思慕雪具有平衡能量分配的作用，它为我们的整个人体系统提供在体内慢慢被分解成葡萄糖燃料的复合碳水化合物（多糖）。绿色思慕雪以这种方式为我们带来长时间的饱腹感，以及稳定且持久的能量供应。在大量摄入单糖（如白糖）之后，血糖水平会迅速上升并迅速下降，这样过山车般的情况在思慕雪中将不复存在。同样地，情绪波动和注意力不集中也将在食用绿色思慕雪后减轻甚至被消除。

水果之于碱的补偿

果味思慕雪能促成有机体的真正和谐，为身体的酸碱平衡做出显著贡献。当然，它们也同时为我们消除了由于身体过度酸化而出现的症状，如剥夺我们生命活力和生活乐趣的萎靡和疲劳。此外，你也可以用水果消除自己对甜品的依赖和渴望，不仅可以防止善饥症发作成功瘦身，还能改善心情。

所以，思慕雪是一种能让你保持“快乐心情”的食品，它不仅带来自然的纤细，还有自然的快乐。思慕雪中含有的微量营养素通过影响我们的激素系统来改善我们的情绪，使我们内心平静，并帮助我们很好地消除日常压力，特别是在充满挑战的生活阶段。

B 族维生素之于神经

B 族维生素是保障坚强的神经、良好的记忆和好心情的重要营养元素。特别是叶酸（维生素 B_9）和硫胺素（维生素 B_1）在治疗抑郁症和注意力不集中问题上有所帮助。菠菜等绿叶蔬菜是叶酸的优质来源，而芝麻和葵花子则是硫胺素的重要来源。

小贴士

对抗瘾症的水果力量

思慕雪中的水果成分可以减轻瘦身中可能出现的头痛和皮肤过敏等排毒症状。由于你在饮食中突然大量地食用带有排毒功能的高品质食物，很容易引起身体强烈的净化反应。但水果与蔬菜、绿叶蔬菜和纤体脂肪相结合则可以减缓排毒，使排毒不受限制地进行。

蛋白质中的基本粒子

蛋白质粒子具有多种功能，但主要负责身体的成长过程和新陈代谢。特别是我们的身体不能合成生命必需的重要氨基酸，包括酪氨酸、色氨酸和苯丙氨酸，它们可以防止抑郁症并保持良好的心情以及健康舒适的睡眠。香蕉、牛油果和芝麻是很不错的氨基酸来源。

矿物质和微量元素

缺乏锌、硒、镁、铁、磷或者钾，会使人变得冷漠、抑郁、萎靡或焦虑。思慕雪中的坚果、绿叶蔬菜、香蕉和牛油果可以提供这些能为我们带来快乐的矿物质。

Omega-3 脂肪酸之于大脑

不饱和脂肪酸对大脑中的许多进程来说是必不可少的。研究已经表明，缺乏这些必需的脂肪酸会有患抑郁症、多动症和精神分裂症的风险。同时，在我们的膳食中添加更多的 Omega-3 脂肪酸会带来良好的情绪和对世界更积极的看法。因此，含有奇亚籽、蓖麻（也叫大麻子）、亚麻籽以及胡桃的思慕雪是真正的健脑食品。

思慕雪餐

想要更多的能量和更大程度的放松，以及一种全新的身体感受和生活体验?

那就开始思慕雪餐吧!

具体的思慕雪方案

所有被放进思慕雪中的食材，都对你的健康有益，不仅有助于瘦身，对你的能量水平也会产生积极的影响，而且一杯接一杯地提供更多的生命活力和生活乐趣。思慕雪方案可谓一举多得！本章将向你介绍思慕雪餐是如何具体发挥作用的，以及在这个简单而愉快的瘦身之旅中你所期待的一切。

简短的序言：思慕雪方案究竟是什么？

是时候了——你很快就要开始你的思慕雪方案了！首先要对你表示衷心祝贺，因为这个决定本身已经是向着健康、轻松的生活和全新的生活乐趣迈出了一大步。方案的设计如下：

- 一周或者更长时间，每天用思慕雪代替你的早餐和午餐，晚上则是饱腹且同样富含营养素的排毒晚餐。另外还有大量你喜欢的水果和蔬菜，以及一些健康的零食和燃烧脂肪的饮品。这样一来，你就不是靠挨饿来减掉体重，因为挨饿只会是唤起溜溜球效应的邪灵。与此相反，你为身体提供大自然的神奇物质，有力地支持它摆脱多余的体重。同时还避免了传统的发胖食品，如成品食物、白糖和白面粉。
- 为了给瘦身成功加冕，运动也是非常重要的——而且是那些给你带来乐趣的运动。

在下面几页中你会找到一些提示和建议，关于如何使节食完全个性化地适应你的日常生活，以及如何通过它来实现最大的成功。所以，你可以更改下述建议的正餐，例如在中午而不是在晚上吃些“真正的”东西，如果你更愿意的话。或者为了节省时间，在早晨特别忙碌的时段制作一份能喝上一整天的超大份思慕雪。如何使思慕雪餐完全个性化地成为一段充满快乐的时光，并有明显而切实的成功，在这方面你将是最好的专家。

方案的功效

思慕雪方案有一个明确的重点：充满享受与生活乐趣地进行瘦身。当然，它还有许多积极的附带作用。也就是说，它是一种自然瘦身，具有与全面健康的生活方式相同的优点。下面的测试首先会告诉你，你属于哪种瘦身类型，以及这对你的节食期来说意味着什么。

测试：你属于哪种节食类型

每个人都是在不同的前提条件下开始瘦身赛跑的。
以下这个测试可以帮助你判断自己属于哪种节食类型。
测试后的分析会提示你如何量身定做一份更成功的思慕雪餐。

1. 你每天平均食用多少蔬菜和水果？

C 每天食用五份对我来说基本没有问题。

A 许多品种不对我的口味，或者我有时会忘记食用蔬菜或水果。

B 变数很大，但是我努力每天都吃些新鲜的蔬菜或水果。

2. 你食用绿叶蔬菜的情况怎样？

C 对我来说每天都不能缺少一份沙拉或者别的什么绿色食品。

B 我真的不太注意，但在我的餐桌上每周都会出现几次绿叶蔬菜。

A 事实上我真的是完全不喜欢绿色蔬菜，我只是会出于健康的原因偶尔要求自己食用它们。

3. 你食用多少甜品或含糖的产品？

A 我没有一天是没有甜品的。

C 我最多会选择一份不含白糖的健康甜品，大多数是自制的。

B 我尝试限制甜品的摄入，有时成功有时失败。

4. 你怎么看待外出用餐以及成品食物？

A 我几乎从不做饭，总是出去吃或加热一份成品食物——我不是很重视里面的食材，重要的是口味好！

C 当我出去吃饭或从超市采购成品食物的时候，我觉得做出一个健康的决定十分重要，比如选择一份沙拉。

C 我更愿意在家吃。当我自己做饭

的时候，我清楚地知道我的饭菜里都藏着些什么。

5. 无论餐盘的大小……

A ……我每餐都吃光我的餐盘。

C ……当我觉得吃饱了的时候，我就停止进食。

A ……我一般都还得再吃第二盘。

6. 你每周平均做多少运动？

C 我总是有规律地每周至少运动三次，每次半小时。

B 我每周运动一两次。

A 运动不是我的菜。我很少或者从不运动。

7. 在你的日常生活中，有多大的活动量？

A 大多数时间我是坐着的。

C 我的工作和（或）家庭使我总是在快走。

B 即使在久坐不动的阶段，我也尝试至少去爬爬楼梯而不是坐电梯，或者在一些地方步行。

8. 我的体重……

B ……比标准体重高，但基本属于正常范围。

A ……当我运动或者想要活动起来的时候，确实妨碍了我。

C ……没有妨碍到我的运动乐趣。

9. 你如何描述自己的体质？

C 我天生苗条，只是偶尔长点儿肉。

A 我一直都是比大多数人强壮的，近几年胖得有点儿厉害。

C 我时常觉得自己太胖了，但实际上我是运动型的。

10. 你在日常生活中有多大压力？

A 我的压力一直很大。

C 我压力很小，或者压力对我来说没什么。

B 波动很大，生活时而繁忙，时而平静。

11. 你在感到压力或失意的时候做些什么？

C 我做运动，这总是有帮助的。

C 我尝试通过长时间沐浴、冥想或

瑜伽练习来缓解压力。

A　我总是吃些甜食或含油的食物，“解忧巧克力”可不是白叫的。

12．有人给你带了一块蛋糕到单位或是到家，你怎么做？

B　如果我喜欢，我会例外地吃一块。

C　我能坚定地不吃，并吃一个苹果或一些坚果来安慰自己。

A　我无论如何会吃一块，也许能吃两块。

13．你总共想减掉多少体重？

A　应该要减掉多于10公斤。

B　要减掉一些，也许6—10公斤。

C　实际上只需减几磅，不超过5公斤。

14．你食用思慕雪餐的主要目的是什么？

C　我想要有更好的感受，更轻松并且更有活力。

A　我想要快速有效地瘦身。

B　我想要不痛苦地节食，并在节食后培养更健康的生活方式。

评价

A选项得2分，B选项得1分，C选项不得分。计算一下你总共得了几分。

0—8分，轻节食型

你已经有许多良好的生活习惯了。你注意自己的饮食，总体来说对自己的身体比较满意，并且知道运动对你的健康是多么重要。不过，是否还存在你可以做出更好选择的地方？你在个别问题上的答案能够告诉你要更加注意哪些方面。有针对性地去阅读相关的主题吧，例如零食（从第 65 页起）、运动（从第 97 页起）或绿叶蔬菜（从第 54 页起）。

在思慕雪餐期间，你可以比别人更从容一些。对你来说，可以在蔬菜和水果之外吃些优质的零食，5 个杏仁或核桃、1/2 个牛油果或 1 小撮南瓜子。你也可以在新鲜果汁或杏仁露中掺入一点儿龙舌兰糖浆。而在排毒晚餐中也可以补充 50 克糙米或豆腐。这不会影响，而是会巩固你的成功。

9—19 分，黄金中度型

你的生活方式目前处于两个极端之间，在许多方面你已经可以自觉而健康地生活，而在其他一些地方则做得还不够好。根据你的结果，看看那些需要改变的地方——所有你回答 A 的地方。

在思慕雪餐期间，你自己能够严格执行自己设计的节食计划。请针对自己有问题的地方使用这个方案——不仅在身体上，还涉及你的生活方式。如果甜食是你的一大负担，那你就需要在节食期间用水果和天然的选项来代替甜食。如果你迄今为止在生活中缺乏锻炼，那就需要注意尽可能地有规律地做运动。

20—28 分，增压节食型

你知道，你想要做些什么来使自己重新感觉到健康舒适。你在生活和饮食中都有很多地方想要改变。选择思慕雪餐，证明你已经准备好做出这些改变了。因此，该方案现在完全是一个健康而自然的新开始，你可以在一些地方特别地“增压”进行。

在思慕雪餐期间，餐间零食是重要的主题。对你来说，由蔬菜特别是绿叶蔬菜制成的零食是最好的。试试蔬菜脆片（见第 67 页）或切碎的蔬菜，让你手边随时都有健康的零食来磨牙。不过，你需要在零食上限制脂肪的摄入，因为在思慕雪和排毒餐单中已经包含了足够的脂肪。保持柠檬水、草本茶和蔬菜汁的饮用，同时，避免轻工食品，因为它们的热量虽然不高，但却通过人工成分使你的身体失去平衡。

小贴士

额外的提示

作为对方案类型化设计的建议，你可以在第 100 页起的每日计划中找到相关的简短信息——如何定制轻节食方案和如何增压。

更多的能量、强大的免疫系统、更洁净的皮肤、
更多的精力和更高的效力，全方面的良好状态，
以及轻柔的排毒和自然下降的体重——
所有这一切将由思慕雪方案提供。

完美的时机：你想要何时开启？

时间并不总是相对的。时机能够显著影响瘦身的成功。最好是与自己的日程、四季的节奏以及个人的目标相符。

你的日程表

如果在实施方案期间，你的时间不是过于紧张，那么可以增加你成功的机会，也会体验到更多的快乐和关怀。有很多工作上的压力，大量熟悉的日程或基于情感问题的情绪负荷？在这样的情况下，也许将瘦身再推迟几个星期是有意义的，取而代之的是对健康膳食的关注，这其中可能已经包含了一些思慕雪方案中的食谱。

如果有时间和自由空间来专注于自己的健康，那么通常情况下可以很容易地在享受中瘦身。你可以享受一次舒适的按摩，或与最好的闺密们安排一次清静且充满爱意的美好的排毒

小贴士

把瘦身当作休息

当你把瘦身时间当作“给我的时间”来使用，并延伸到你的周围环境中时，那它就成了完全特殊的时光。为此，你不必去旅行或放弃所有的日常任务，而只需自觉地决定要照顾好自己。

此外，善待自己！1次带桑拿的游泳训练，1小时自选的私教课程，或几个特别的有机芒果都可以，否则这些对你来说总是“太贵了”。

小贴士

在冬季执行思慕雪方案的三条建议

通过冷冻食品获得多样性：在新鲜水果和蔬菜供应有限的冬季，可以获得优质的冷冻食品，如浆果或菠菜。不同于罐头食品，冷冻食品中大多数营养素得以保留。如果你不喜欢冰冻的思慕雪，可以用热水制作。

温热的零食：给自己准备一大锅低脂的蔬菜汤，如卷心菜热汤（见第 109 页）。当你想通过一餐热饭来暖身时，那就让一锅蔬菜汤来温暖自己吧——它可以充饥而不加重负担。

在运动中：冬季我们往往需要特别的积极性来保持活跃。在寒冷的天气，一份运动方案有双重好处，它不仅燃烧多余的卡路里，并且使你的血液循环回归正常。如此一来，你在一天中的剩余时间也会比以往更暖和。

晚餐。另一方面，家庭和工作中的高负荷当然不是制定思慕雪方案的唯一标准，因为它以其日常实用性而出众。

与季节相协调

除了个人日程表之外，四季的节奏在开启思慕雪方案时也会起到重要的作用。例如，相对于春季和夏季，冬季是不太适合进行有针对性的瘦身的。

如果天气很冷，我们常常会自动抓紧脂肪和热菜。这使得圣诞假期后的瘦身疗法虽然不是不可能的，但是它意味着，比起几个月后的春天，我们需要更多的毅力。

制定清晰的瘦身目标

何时以及如何执行思慕雪方案，很大程度上取决于你的个人目标。只想在节日聚餐之后把裤子勒紧一点点？那你可能会选择在未来几天用方案中的思慕雪来代替正餐，或执行一个较短的周末版方案（见第150页）。如果勒紧裤子早已变得“不再适合”，那么常规的七天方案就是更理想的。

为了减掉五公斤或者更多，并养成健康的生活习惯，你可以将方案延长到两个甚至三个星期。在启动方案时对生物节律和个人负担的重视，比仅仅保持搅拌机在这几天高速运转要更加重要。第46页开始的测试已经显示出你属于哪种节食类型，以及哪种节食强度是最适合你的。

设置起点

因此，直接选择一个适合自己的时间点——这个时间点能使你在工作上更从容。你是想要在夏季享受各种时令食物，还是一天也不想再忍受臀部顽固的多余脂肪了？有计划地为你的思慕雪方案找到一个最佳时机吧，因为你最了解自己的身体和个人能力。请注意，你可能会陷入一场小小的排毒危机，对此一些个人需求的自由空间是很有帮助的。

与其他温暖的季节相比，冬季有完全不同的乐趣。

注意：排毒危机

基于方案的排毒功效，最初几天可能会出现轻微的排毒现象，如早期的情绪波动、头痛或痘斑。因为它不是纯流质的饮食方案或禁食疗法，而是使症状大幅度缓和的一种柔和的排毒。如果你发现有一两天的不适症状，那就需要好好注意，尝试缓慢地解决日常生活中的问题，多喝水并享受一次桑拿浴或瑜伽课。别担心，痘痘会在最短的时间内消失并代之以容光焕发，而且取代情绪波动，你会体验到一种新的平衡和内心平静。此外，小小的危机仅仅表明了，你的身体确实在工作，并且将来你的负担会更少。

纤体金字塔

最令你感兴趣的肯定是瘦身计划，这也是你应当做的。取代著名的经典膳食金字塔，这个纤体金字塔使你一目了然，清楚地知道在思慕雪方案中要具体使用些什么。

绿叶蔬菜——叶绿素为基础

经常被忽略的绿叶蔬菜是这个特殊的膳食金字塔的基础。原因一方面在于，叶绿素对我们的健康有许多积极的影响，参见第 26 页起。另一方面，绿叶蔬菜的其他成分使得这个“大自然的绿色复合维生素”成为健康瘦身的理想伴侣。大多数绿叶蔬菜都含有丰富的抗氧化剂、铁和钙，它们是促进脂肪燃烧和内部清洁，以及加

小贴士

柔和还是生硬？

这取决于迄今为止你吃了多少绿色蔬菜。一开始你可以用柔和的绿色食物，如菠菜或生菜来代替食谱中像羽衣甘蓝、荨麻或蒲公英这些功效更强的食材，直到你的味蕾习惯于苦涩的味道。

强免疫系统的完美结合，而这些在其他的节食方案中往往都被削弱了。相反，在富含绿叶蔬菜的膳食方案中，所有的身体系统都能受益。

绿叶蔬菜中的高蛋白质含量很少被提及，相对于有限的卡路里含量，它富含易吸收的蛋白质。例如，一份含有 100 卡路里热量的西蓝花，可以给我们供应近 12 克的蛋白质，而在一块卡路里含量相同的牛排中却只有一半的蛋白质含量。

方案中绿叶蔬菜的选择和用量，都可以根据你的口味和胃口来决定。重要的是，每天都吃些绿叶蔬菜，无论是以绿色思慕雪的形式还是排毒菜的形式。只有这样，你才能够持续利用它的积极功效。

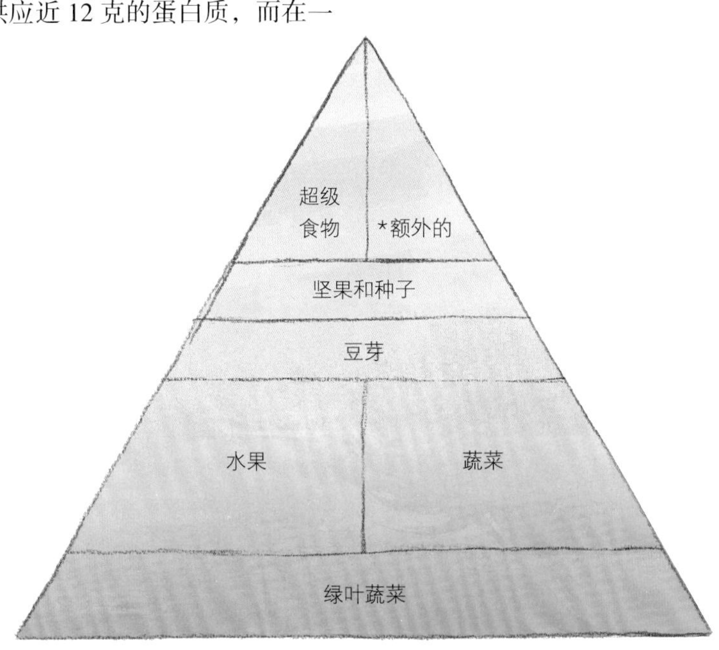

* 额外的：自然的调味品和甜味剂。

一目了然，哪种摄入多少适于瘦身？

蓝莓，纯粹的喜悦，美味又健康。

水果——甜蜜的能量供应者

相比于叶类蔬菜和其他蔬菜，水果由于含糖量高，虽然含有更多的卡路里，但同时也提供了更多的能量。此外，其中的纤维素还保证我们能在思慕雪方案中获得较长时间的饱腹感，从而减少了下午由于善饥症而在餐厅暴食甜品的危险。

此外，大多数水果都含有瘦身营养素——维生素C，它是脂肪代谢中一个极其重要的媒介。因此，所有的水果品种本身都可用于思慕雪方案。如果你想在瘦身上获得最大成功，只有香蕉和水果干，应当限制使用。

有些水果品种因其独特的组合成分而从一众多彩的甜蜜脂肪燃烧者中脱颖而出，并因此特别适合思慕雪方案。这里介绍五种纤体水果：

苹果

在英语中有这样的说法："一天一苹果，医生远离我。"如果仅仅一个苹果就不用再拜访医生，那么每天吃3—

4个，甚至5个苹果的话会有什么效果呢？苹果的实用功能远比简单的疾病预防要多得多。苹果含有脂肪杀手维生素C和镁，而且富含抗氧化剂和类黄酮。此外，它还富含果胶和有助于消化且能迅速产生饱腹感的可溶性纤维素。

浆果

没有人可以轻易地抗拒这些五颜六色的小小水果。在思慕雪方案中，你也完全不需要拒绝它们！恰恰相反：从鹅莓、黑莓、覆盆子到蓝莓，所有种类的浆果都含有大量能刺激脂肪燃烧的维生素C和镁。尽管浆果的卡路里含量低，但它们是含有大量抗氧化剂的真正的营养素炸弹。也就是说，它们帮助身体摆脱多余的体重和毒素。有些品种，如草莓和黑加仑，也是钾和锰的优质来源，所以能够强有力地排出体内水分和消除脂肪。高档、美味又能纤体——浆果在一年四季都能够享用。在夏天，它们是桌子上的鲜果；在冬季，则保存在冰箱冷冻室中。因为经过冷冻，大部分的营养素依然能够得以保存。

柑橘类水果

柑橘类水果因富含维生素C而知名。通过水果中大量黄酮类化合物可以显著提升维生素燃烧脂肪的功效。所有的柑橘品种都有特殊的保健功效：清晨的柠檬水可以刺激消化并将毒素排除到体外，柚子可以降低胰岛素水平并因此成为瘦身助手中的冠军，而仅仅1个橙子就能提供远多于人体每日所需的维生素C和170多种有价值的植物营养素。

菠萝

这个热带水果之王通过一款营养成分独特的鸡尾酒而博得好评。菠萝中含有丰富的纤体营养素，如钾、锌和镁，并在其最深的内部隐藏着巨大的瘦身秘诀：在菠萝的茎中含有菠萝酶——一种有助于蛋白质的消化，并在细胞层面分解蛋白质的酶。另一个关键点，为什么

小贴士

菠萝：绝对新鲜

虽然罐头食品充满诱惑，而且加工一整个菠萝的工作量很小，但最好还是使用新鲜的水果吧。因为在制作罐头的过程中丢失的不只是一部分营养素，更主要的是菠萝酶。此外，罐装水果往往是含有大量糖的。

它在理想身材的使命上是不可缺少的：它会起到抑制食欲的作用。

木瓜

像其他大多数水果一样，木瓜中也含有大量营养素，确切地说是铁、维生素 A 原、维生素 C 和 B 族维生素。

木瓜对思慕雪方案的特殊贡献在于它的酵素力，它为我们提供了木瓜酶、木瓜凝乳蛋白酶、溶菌酶和脂肪酶。作为脂肪和蛋白质的分离器，这些营养素负责使所有的微量营养素为人体所利用。而从长远来看，通过对蛋白质、脂肪和碳水化合物的良好消化和利用，可以带来身体充满能量和腰肢纤细的快乐。

蔬菜——清爽的节食助手

这些“田间水果”的营养密度很高，依据彩虹原则食用它们是对抗多余体重的安全手段。不仅是绿叶蔬菜，蔬菜家族中其他五颜六色的成员也含有大量营养素，并且相应地都在思慕雪方案中起到重要作用。此外，蔬菜还含有丰富的纤维素，所以，尽管其卡路里含量低，但是还是有了不起的饱腹作用。对于燃脂思慕雪来说，最好的五种蔬菜是：

辣椒

清爽、新鲜又美味，一根红辣椒可提供超过两倍的每日所需维生素 C，而且其中抗氧化剂维生素 E 和维生素 A 原的含量也很高。此外，微弱的甜味也使其可以用于果味思慕雪中。

番茄

番茄不仅适用于血腥玛丽①，还可适用于果味浓郁的思慕雪。在它饱满的红色表皮之下，蕴藏着大量营养素和少量卡路里。番茄中的钾会随水分排出，但钙、锌和镁则会留在体内，它们是自然瘦身中不可或缺的瘦身三要素。

黄瓜

与番茄相似，这种凉性的葫芦科植物是世界上最普遍种植的蔬菜之一——特别适合那些想要寻找一种健康又廉价

各种番茄，色彩鲜艳、清爽，且有丰富的优质营养素。

① 血腥玛丽，鸡尾酒名，这种鸡尾酒由伏特加、番茄汁、柠檬片、芹菜根混合而制成，鲜红的蕃茄汁看起来很像鲜血，故而以此命名。

小贴士

黄瓜：带皮吃

黄瓜皮中含有大量的维生素C，因此，在思慕雪中使用黄瓜时最好不削皮。购买时尽量选择有机品质的，因为黄瓜在传统种植中通常遭受名副其实的农药淋浴。

的纤体食品的人。黄瓜由95%的水和与此相应的少量卡路里组成。

芹菜

芹菜长期以来以药用植物而知名，芹菜根则因为它的镇静效果在民间医学中被用于治疗神经过敏。由于芹菜的特殊成分，它成为瘦身思慕雪的完美补充。芹菜通过其极高的钾含量来促进消化和新陈代谢，因而对于脂肪燃烧来说是真正的蔬菜发动机。最重要的是，它还含有丰富的抗氧化剂，如维生素C和胡萝卜素。

樱桃萝卜

樱桃萝卜富含芳香精油，具有促进消化和排水的作用。食用它们，可以使淀粉类的食物易于消化，所以它们是面食或土豆菜肴的良好补充。此外，它们还含有一些纤体营养素，如维生素C和镁。如果谁更喜欢辛辣的口感，就更强烈地向他推荐这些小型脂肪燃烧者。

豆芽

从不同的种子发育出的绿色幼苗——豆芽，给人留下的不仅是沙拉之王的印象，更是大自然的小型营养工厂。凭借其极高的蛋白质含量、基础性的作用和较强的饱腹功效，豆芽在思慕雪方案中自然是不可或缺的。此外，豆芽还具有一种确保瘦身成功的非常特殊的性能：在从种子到植物的这个过渡阶段中，豆芽的维生素和矿物质含量会增加一到五倍。同时，营养素在豆芽中是以最高的生物可利用形式存在的，因而人体能够容易地吸收并良好地利用浓缩营养素的力量。

而所有这些优点还不是全部，在家中培植豆芽既容易又便宜。为此，你只需要一个培养皿或培养容器（可从有机商店或药妆店购买），一些种子如苜蓿种子、绿豆或葵花子，以及一些水和三到四天的时间。要是觉得这样还是太麻烦了，那么有机商店总有各种包装好的新鲜豆芽供应，它们等待着为充满力量的思慕雪锦上添花。

坚果和种子

作为能量包，坚果和种子很少与诸如节食和瘦身这样的概念联系起来。但是，坚果和种子中的脂肪却是优质脂肪，适量食用甚至能在瘦身时提供支持（见第 24 页）。此外，坚果和种子能提供大量饱和蛋白质，可以防止不雅的善饥症发作，因而有助于思慕雪计划的成功。

目前主要有以下品种可供使用，你最好总在家里储备一些：

- 蓖麻：顶级的 Omega-3 脂肪酸供应者。它有比牛排更高的蛋白质含量，并提供所有必须从饮食中摄取的必要氨基酸。
- 南瓜子：纤体营养素锌的最佳植物来源。
- 亚麻籽：富含 Omega-3 脂肪酸，此外还含有促进消化的纤维素。
- 杏仁：提供大量钙和维生素 E。
- 芝麻：钙和镁的优质来源，还提供铁、铜、维生素 B_1 和美颜维生素——促生素。

小贴士

坚果：浸泡后仍然价值丰富

食用前尽可能将坚果和种子浸泡一夜或几个小时。这样一来，它们不仅更容易消化，而且还提高了营养素的生物可利用度。浸泡就像是一个短暂的前期发芽过程。

不要害怕坚果，适量食用，这些含有健康脂肪的小型能量包可以在瘦身时给予你支持。

额外的：调味品和甜味剂

天然调味品常常给予思慕雪一点额外的口味，而且它们的治愈力和在瘦身方面的作用也是不可忽视的。干辣椒将血液循环带入正轨，增强能量获取并提高基础代谢率。它们还使大脑分泌内啡肽，并因此带给我们一份好心情。生姜可以在消化不良方面起到帮助作用，也能刺激血液循环。肉桂可用来对付肠胃不适和腹胀……无论是辛辣还是柔和，浓郁还是清淡，不仅是我们的味蕾，就连我们的腰肢都将欣喜于思慕雪中的这些添加品。

这些天然成分作用相似——赋予思慕雪更大的甜度，因而使方案更适合甜食爱好者的口味。与传统白糖不同，它们还提供比第一口就能尝到的甜味更甜蜜的口感。

我们甜蜜的超级巨星

甜叶菊自2011年年底获得欧盟批准后，就在已知卡路里含量的天然食品中摘得了桂冠。它含有大量抗氧化剂，但几乎不含卡路里。此外，它在口腔中还有抗菌作用，而且如果你习惯甘草那样的味道，它还是完美的瘦身甜品。

木糖醇看起来像白糖，但二者相去甚远。这种天然的代糖品也被称为桦树糖，因为在白桦树的树皮中能够发现这种糖。木糖醇比蔗糖少40%的卡路里，有防龋和稳定胰岛素水平的功效，是一种天然药物和甜味剂。

蜜枣和葡萄干也完全适合思慕雪，因为它们可以用搅拌机迅速打碎。为了使它们容易被打碎，可以预先浸泡半小时或更长的时间。除了甜味之外，蜜枣和葡萄干还提供大量纤维素和一系列维生素和矿物质。

龙舌兰糖浆——从墨西哥仙人掌植物中获得的提取物，由于它方便服用又甜美可口，如今已是许多家庭厨房中的常客。它的升糖指数较低，因

小贴士

木糖醇：尽可能是天然的

你最好尽可能使用天然提取的木糖醇，或者更确切地说，要确认它不是由转基因的玉米淀粉制成的。

流动、珍贵又甜美，龙舌兰糖浆是糖的完美替代品。

而对血糖水平的影响十分有限——一种刚好让人在瘦身时易于从含糖产品的模式中转换出来的特性。

超级食物

这种带有超强植物效力的天然营养补充品位列膳食金字塔的顶端。它们可以，但并不是必须放入思慕雪之中，因为你在方案中已经使用了多种的、大量的新鲜水果和蔬菜，一种营养素的强化疗法已经得到了保证。不过，如果你对活力的补充感兴趣，那么你可以从第36页以后的内容中了解到更多各种不同的超级食物。

健康零食：避免，而非对抗饥饿

对于小吃和餐间零食，营养专家们有着非常不同的意见。有些人认为，只有在两餐之间休息至少4个，最好5个小时的时间，才能很好地刺激脂肪燃烧。另一些人则坚信，应在一天内少吃多餐。这两种方法都可以获得成功，因为最终只有一个真正认识你身体的人：你自己。

在你每天想要吃几餐和必须吃几餐的问题上，许多因素，如代谢和习惯，都起到了一定的作用。

有些人喜欢少吃几顿，但每餐多吃点，保证餐间不会感到饥饿。但也许你属于这样一类人，即过两个小时不吃点东西就会达到痛苦的界限，且易产生不良情绪而成为周围人的危险。

因此，按照你的节食类型来吃——

餐间零食也是如此。因为善饥症主要在我们过度饥饿到所有反对餐后甜品、自动售货机中的巧克力棒和电视机前的薯片的理由都淹没在肚子的咕咕叫声之时发作。所以，去享用健康的零食吧，而不是在善饥症发作时不必要地跟自己生气（因为愤怒就像压力一样只会造成肥胖，而不是快乐）。

在思慕雪方案的框架中，零食被分为两类：饱腹品和甜食。

饱腹品

它们可以抵抗小饿，因为它们可以制造几个小时的饱腹感，同时刺激脂肪燃烧或补充营养素储备。这里说的饱腹品包括 1 把毛豆（食谱见第 67 页），1 小份蔬菜脆片，沙拉（食谱见第 67、114 和 141 页）或卷心菜热汤（食谱见第 109 页）。

吃零食吧！

毛豆是一个相对陌生但非常有价值的零食。绿色的嫩豆子，清脆且富含蛋白质、维生素 A、维生素 E、钙和铁。豆荚大多是冷冻的，在许多亚洲商店，现在在一些有机商场中也有销售。

小贴士

全新的饱腹感

现在我们必须对胃口做出新的规定和约束。你在方案的头几天往往会像往常一样感到饥饿，因为身体必须要习惯低卡路里和营养素丰富的食品。健康的零食，像在这里介绍的这些，在任何时候都是被允许的，并且它们会通过健康的生活方式来加强你长期的成功。

许多人很快就学会了高度评价全新的饱腹感。腹胀和暴饮暴食，在难以消化的一餐之后感到疲劳和缺乏动力，这样的时代已经一去不复返了。取而代之的是轻盈和无穷无尽的能量——滋养你的生活而不是使生活更艰难的膳食。

简单易制

毛豆零食

400 克毛豆 | 盐或辣椒盐

1. 把毛豆放入 1 升盐水中用文火煨煮，或在锅中加一些水蒸煮，两种方法均煮约 5 分钟。
2. 然后，你可以撒上粗海盐或辣椒盐（燃烧脂肪的加速器！）装盘。吃的时候把单个豆子从豆荚中取出食用。这样一来，双手被占用，乐趣十足，而且可以保持一段时间的饱腹感，相当美味！

或尝试用低脂肪的自制蔬菜脆片替代土豆片或手指饼，让饥饿感无机可乘。

零食

蔬菜脆片

2 个西葫芦 | 2 颗红菜头 | 2 根粗胡萝卜 | 2 茶匙橄榄油 | 海盐 | 胡椒 | 依口味选择的香草（如意大利混合香草） | 辣椒粉或咖喱粉

1. 烤箱预热到 200℃。
2. 用切片器将蔬菜切成薄片，胡萝卜最好切得长一点。然后将橄榄油、海盐、胡椒和香草拌入蔬菜片。
3. 在烤盘上垫上烤纸，把所有蔬菜片在烤盘上铺开，尽可能不要重叠，使每片蔬菜都能烤成同样的焦黄和爽脆。在烤箱中烤制 25 分钟。

甜食

这种零食有助于对抗由低血糖引起的，但往往也是由习惯性摄入糖而引起的善饥症。在这种情况下，浓烈的味道并不是一个令人满意的选择。因此，不如选择健康的甜品！包括水果，如苹果、葡萄、菠萝、一些李子干或其他水果干，以及 25 克黑巧克力，或者选择一份从第 144 页起介绍的美味排毒甜品。

小贴士

动物蛋白质

蛋白质是一种很好的饱腹品，并能给我们的肌肉提供营养。因此，动物蛋白质产品可作为零食适量食用：1个煮鸡蛋、1块熏鳟鱼、1罐金枪鱼、带低脂凝乳的水果，或者加马苏里拉奶酪的西红柿。但是，由于这些产品会给身体造成酸性的影响，并因此降低了思慕雪方案的排毒及协调功效，所以它们不是思慕雪餐的固定组成部分。

饮品——喝出苗条

规律的饮水在瘦身期间是很有必要的。喝水可以帮助身体把毒素冲刷出去，明显减小胃口，并保证新陈代谢的顺畅，以及营养素对细胞的充足供应。

水，生命之源

水是最好的解渴饮品。它是我们身体的一个基本组成部分。但是我们体内的水库需要不断补充更新。每天应该至少喝2升水。夏天甚至还可能更多一点。每天早晨最好空腹喝一大杯柠檬水，纤体效力还可以得到加强。柠檬水不仅可以提供燃烧脂肪的维生素C，还可以促进消化并彻底唤醒你的新陈代谢。

理想的解渴饮品

即使你今后想要放弃太甜的饮料和酒精，仍然还有一大堆非常美味的饮品可供选择。以下是特别合适的节食伴侣。

绿茶

数千年来，绿茶在中国得到了很高的评价，在思慕雪方案期间它也不应缺席。除了对免疫系统、集中力和效率的许多积极影响之外，它还具有较强的促进脂肪燃烧和刺激代谢的特

几个世纪以来，绿茶一直被认为是可以协调身体和心灵的饮品。

性。此外，抹茶粉也是思慕雪中一种燃烧脂肪的极佳成分。长期以来，日本茶道也受到了禅僧赞赏。

马黛茶

这款来自南美的茶可以真正做到使人情绪高涨。尤其是它的咖啡因和皂甙（皂素）能起到利尿的作用，并能平衡代谢。但是这些功效发挥得比咖啡慢，所以茶对身体的影响更为温和。对于咖啡爱好者来说，马黛茶作为健康但同样美味的替代品是非常理想的。

路易波士茶

路易波士茶原产于南非，能够抑制食欲，特别是能够避免对甜食的渴望和依赖。此外，它还含有多种矿物质和丰富的抗氧化剂。品尝建议：从香草荚中刮出香草籽放入新鲜烹煮的茶中，用这杯茶配上一个苹果替代咖啡和蛋糕来享受下午时光吧。

椰子水

巴西的足球运动员几十年来都深信这种饮品，因为它的构成十分独特。这款清爽的饮品富含我们在运动或出汗散热时流失的电解质，脂肪含量很低且只存在于椰肉中。因此，它可以替代任何一种运动饮料。椰子水可在许多有机商店和一些药妆店中购买到。

蔬菜汁

蔬菜汁热量低，口味丰富，对健康非常有益，通常会使作为对手的甜品相形见绌。蔬菜汁含有许多燃烧脂肪的营养素，是流动着的长生不老泉。无论是番茄、红菜头还是卷心菜，这些蔬菜汁都应该是新鲜榨取的，或购买的是不加糖的原汁。在思慕雪中，蔬菜汁既可以代替水来使用，还可以作为一份额外的营养素补充饮用。但如果喜欢果味和甜味的果蔬汁，那么在瘦身期间至少要用足量的水稀释，以减少其卡路里含量。

小贴士

玻璃杯中的发胖品

在思慕雪方案中应避免含糖量大的果汁、柠檬汽水和可乐这样的软饮料，因为它们的糖分会迅速囤积在你的臀部。啤酒同样也是妨碍你瘦身的饮品，它含有的碳水化合物——麦芽糖，对身体有类似于白糖的破坏性影响。

自制杏仁露一族

思慕雪方案并不复杂，在食谱中常常用到成品杏仁露。

了解了坚果和种子的植物聚合力，就可以自制新鲜的奶替代品。

越来越多的人患有乳糖不耐症或不太能够容忍奶制品。同样，还有许多人基于道德的原因放弃饮用奶。

有很多植物可制成替代品，例如，将坚果和种子加工成乳状来替代奶。杏仁露一族可以在冰箱中储藏四到五天不变质，因此它是最知名的替代品，但家族中的美味成员还有：

- 芝麻：含有丰富的钙，尤其对喜欢芝麻酱的人来说是种特殊享受。
- 蓖麻：涩口而有坚果味，同时富含多种不饱和脂肪酸。
- 椰子：一种非常特别的享受。
- 榛果：与一些可可豆和蜜枣一起制作坚果乳，通过这种健康的方式，牛轧糖爱好者也可以获得快乐。
- 葵花子：健康又廉价。
- 夏威夷果：对全脂牛奶爱好者来说的最佳替代品。
- 腰果：家族中一个非常柔和的全能成员。

基础

基础食谱——坚果乳

200克坚果、种子或椰丝 | 60克去核蜜枣 | 1小撮海盐

1. 将坚果或种子尽可能过夜浸泡。使用前进行简单的冲洗。
2. 将所有食材放入搅拌机，加入500毫升水搅拌成乳状液体。用纱布挤压过滤到一个大碗中，以获得精纯的浓度。

变化

为了取代“奶”而更容易地获得“奶油”，你应该减少一半的水量。加入800毫升水，则可能获得“低脂奶”。在搅拌前添加肉桂粉、香草豆、可可粉或角豆粉，或者添加一些辣椒粉或胡椒粉，你会获得丰富迷人的口味。

开启思慕雪周

打开搅拌机，完成，出发！或者，快速阅读下面几页，做好准备开启思慕雪时间，因为你可以在这里了解到所有的实用技巧和提示，以便避开损失、痛苦和问题。

同生活中的大多数事物一样，重要的是事情的开始。开启方案的设计应当是柔和且自觉的，因为承受的义务感和强迫感越少，多彩思慕雪就会带给你越多的乐趣，所以也能更容易减掉体重。

平稳启动 —— 大获成功

在节食前几天做出几个简单的改变，你会更容易入门，并增加长期成功的概率。

启动日的前三天

在启动节食前三天，你的饮食要开始向新鲜植物产品转变，并限制下列食物的摄入，尽可能最多只食用一份。因此，做好准备迎接自己的瘦身期 ——或许你甚至会对你的状态能够如此迅速地提升而感到惊讶。

咖啡

作为日常的提神方法，咖啡受到许多人的喜爱。可惜咖啡不仅对身体有强烈的产生酸的作用，还用能量的提升来迷惑我们 ——但是很快，我们就又失去这种能量了。作为替代品，可以选择饮用例如马黛茶等饮品（参见第 69 页）。

隐藏的糖

在思慕雪方案之前和方案期间，你应当严格限制糖以及其他甜味剂的常规摄入。隐藏的糖也需要注意，因为它们存在于水果酸奶、罐头食品、柠檬汽水、果汁饮料、番茄酱和成品食物，以及主观认为是健康的早餐谷物（因此你最好自制混合麦片）中。水果干有时也是额外加了糖的。因此，在你没有仔细研究成分表之前，不要相信包装上的健康声明。

细粮

白面粉意味着，全麦中的所有优质成分已经被去除，而剩下的主要是令人讨厌的赘肉的养料 ——我们在瘦身时真的不需要它们。因此，你应该避免食用白面包、混合面包、脱粒的大米、糕点和白面面条。土豆最好也只作为小份配菜食用，低脂且不用黄油制作。

成品食物

由于制作快速、简便且价格便宜，成品食物的诱惑是巨大的。但代价是什么？成品食物几乎总是会带来这样的后果：我们在时间和金钱上省下的，都会在体重上偿还回来。因为成品食物中的许多人工添加剂会破坏我们身体的自然平衡，例如增味剂、调味剂、甜味剂和稳定剂等。但是，我们的身体又需要合适的营养，因此，它对人造甜味剂做出的反应是对甜品产生强大的渴望，或是想要一大份附加的轻加工食品。所以，在同样的营养价值下，最好选择能够精加工且食用后会产生真正饱腹感的食物。

酒精

酒精本身是零卡路里食品。它也许能使我们放松，但无法给我们的身体提供营养素。相反，啤酒或鸡尾酒通常带给我们大量导致发胖的碳水化合物。因此，在思慕雪方案之前和方案期间你应该——如果你不想彻底放弃——另选一杯干红。

享受的时光！

提前三天指的不仅仅是放弃，还有多样性的选择——多吃水果和蔬菜，以及其他价值丰富的食物。另外，在你的日常饮食计划中至少列入一大份沙拉、一杯思慕雪或一份排毒菜（食谱见第 100 页起）。例如，做准备的一天可以是这样的：

- 早晨：水果沙拉，或者添加（无糖）酸奶和浆果的燕麦粥，或是一大杯思慕雪。
- 午餐：一大份沙拉，或者配有大量蔬菜的一块火鸡鸡胸肉。
- 晚餐：鱼和土豆，糙米或全麦面条，或者简单的一大份蔬菜汤。

有了这样一份变化多样的饮食计划，你就为思慕雪方案中所期待的大量营养素和瘦身冒险做了最好的准备！

装备——你在思慕雪时期的工具

相比其他的健康食品，思慕雪的巨大优势之一是，思慕雪制作起来十分简单且非常迅速。而且你也不需要将你的厨房彻底改造成思慕雪天堂。你今后离不开的唯一厨房用具是搅拌机，目前市场上有无数不同价格等级和不同功能的搅拌机。

搅拌机

对于入门者来说，一款电机强大且做工精良的中档搅拌机是值得的。在选购时应当注重选择一款高转速的型号。如果必须要在两个型号间做决定，那么转速应该是决定性因素。通常情况下，每分钟应不少于13000转，2万转以上则是理想的选择。

此外，应在一定的价格范围内比较不同的型号，并在做决定时考虑电机的瓦数，一般不应低于600瓦特。如果搅拌机还具有至少一升的容积和调节速度的控制器，那么它对于你制作正餐饮品来说就是极为理想的了。

很遗憾，便宜的设备和搅拌棒并不适合思慕雪的日常制作。它们通常不能很好地打碎食物，坚硬的成分很容易给它们造成过重的负担，相应地，长期使用也自然会很快坏掉。

价格最贵的是所谓的动力搅拌机，或每分钟大于3万转且马力十足的高性能搅拌机。有了一台这样的搅拌机，可以更加迅速地制作思慕雪，并使其呈现出更浓的乳状，但这样的设备在入门阶段并不是必要的。这项投资只

小贴士

快速清洁

搅拌机自身的清洗十分方便快捷，使用后立即倒入一半的温水及少许洗洁精，运转较短的时间并看着它自动“冲洗”。然后再次用清水彻底冲洗，就可以准备再次使用了。

高品质的搅拌机使人联想到好消化的美味思慕雪。

对于真正的思慕雪发烧友来说是值得的——相当于一辆优质自行车的价格。但也许你很快就是其中一员了。

刀、砧板一类的用品

除搅拌机外，你需要的只是在大多数厨房中本就存在的设备。你的手边应当有一把锋利的刀，以及一块只为水果和蔬菜准备的最好是用木头或竹子制成的优质砧板。此外，一台手动或电动的柠檬榨汁器，一个剥橘皮器或生姜刨丝器可以在许多款思慕雪中派上用场。

搅拌前、搅拌中和搅拌后的要点

思慕雪的制作十分容易，对你来说完全没有问题。但是，一些基本信息还是可以增加你对这种动力饮品的乐趣。因此，这里再把最重要的事情总结一下。

搅拌前

在搅拌前，成分的选择是决定性的。关于这一点，你已经从第55页起了解到重要的内容了。那就是，让自己快乐，并从市场上或是从当地的（有机）农民和园丁那里购买最好的原料。

利用多样性

享用思慕雪，意味着对多样性的认可。由于方案中的瘦身饮品都不含糖和奶油一类的东西，所以每个水果和每片菜叶的特殊口味都不用与不健康的添加剂进行竞争。思慕雪时间是穿越果蔬的美味之旅给你发的一份私人邀请。不仅在水果干中有很多发现，如艳丽的火龙果和夺目的阳桃中，在本地品种中也充满惊喜。在德国，有远远超过1000种的苹果和700种的梨，每个品种都会给你的思慕雪带来独有的特点。

用上冷冻食品

冷冻的原料如菠菜或浆果也是被允许的。它们的营养成分并没有被隐藏，只有用性能较差的搅拌机时才可能出现问题。正常情况下，只需将其解冻或用温水制作思慕雪即可。

搅拌中

按以下提示制作思慕雪会成为一种乐趣，使你和你的搅拌机都毫不费力。

浸泡种子和坚果

在不含水分的原料中，天然的酶抑制剂会产生阻碍消化的力量。因此，在使用前最好将种子和坚果在双倍量的水中浸泡一夜或几个小时。然后在搅拌前沥干水分，并再次彻底冲洗坚果和种子。这样一来，不仅你的搅拌机工作很容易，你的身体工作起来也会更容易。

合适的层次

制作思慕雪时，应当总是最先将质地较软的水果切成小块放入搅拌机中，随后再添加其他的食材。最后倒入液体，因为这样液体易于渗入其中，可以把所有食材都混合到一起。搅拌时可以用推杆帮助按下或搅动。

对你的设备来说太硬了？

如果你的搅拌机缺乏处理坚硬食材，如胡萝卜或红菜头的强劲性能，那就在搅拌前先把它们擦成碎屑。其他食材也应切成小块，水果干（如蜜枣和葡萄干）应在使用前浸泡 30—60 分钟。如果没有将坚果和种子正确处理的话，也可以提前将其碾碎。所有这些都可以降低搅拌机的工作难度并延长它的使用寿命。但用的是中高档设备的话，应该没有这个问题。

还是卡住了？

如果搅拌机被卡住了，原因通常是下列之一：要么是容器中的液体太少，而食材装得太满以至于运转不起来；要么就是水果块或蔬菜叶片切得太大而卡住了。

思慕雪以其漂亮的颜色愉悦了所有的感官。

小贴士

冰镇思慕雪

在夏季，这是一种特别的享受，只需在食材清单中补充冰块或碎冰。在炎热天气中你可以快速地制作出一款清凉饮料。

运转时间

思慕雪的搅拌时间主要取决于设备。高性能的搅拌机只需要不超过30秒的时间。如果想让你的搅拌机运转更长时间，那就在期间暂停几次并在容器中搅动几下，以避免气孔阻塞和电机过热。

搅拌后

不只是准备阶段，饮用本身也应给你带来自然的愉悦。相比烹饪正餐，制作思慕雪大大节省了你的时间，所以你可以从容地思考如何将你的健康饮品呈现出来。你可以用1颗草莓、1片橙子或1枚酸浆果做装饰，此外，一个特别漂亮的玻璃杯，或许可以再加上一根非比寻常的玻璃吸管，会让你的思慕雪给视觉和味蕾带来一次非常特殊的经历。在思慕雪方案中，瘦身过程总是多个感官共同参与的。

不停搅动

虽然在制作好的思慕雪中，各个层次会迅速沉淀下来，但这并不一定会给你带来太多的苦恼。为了达到一个理想的浓度，你可以过一段时间就迅速搅动一下或饮用前用力摇晃饮品，反正很快就要将其一饮而尽了。

别忘了嚼一嚼！

不久后，你将亲身体验到思慕雪是充满价值的正餐。请不要忘记，思慕雪想要被咀嚼。每一口都应当在嘴巴里来回转动几次，这将促成一种有意识的享受，令你身心清爽。在咀嚼中你会发现，这就是一顿价值丰富的正餐，并通过食物与唾液中相应的酶相混合来促进消化。

转化的艺术家：对食谱进行改造

为思慕雪做代言的有很多——其中包括一个事实，即食谱几乎可以无限地进行更改或扩充。

无论你是喜欢甜蜜的、
绿色的、水润的，
还是果味的——
每个食谱都在期待着
你创造出的新变化。

食谱可以轻易地一再进行改造

- 如果你不喜欢或不能忍受某些水果，那么你可以在相似甜度的种类之中做替换。你可以用黑莓替代草莓，或用梨替换苹果，等等。
- 取代苦涩的或味道浓烈的绿叶蔬菜，你可以使用清淡的品种，如菠菜、生菜或野莴苣。相反，对于绿色口味的爱好者来说，只需用荨麻、羽衣甘蓝或蒲公英替换菠菜一族，并提高绿色食物在思慕雪中的比例。
- 超级食物（参见第 36 页起）：你可以把它们添加到任何食谱中，开始时应少量添加进行尝试。
- 可以根据你的口味增加思慕雪的甜度。对此，有多种天然甜味剂供你使用（参见第 64 页起）。但是，不要过度增加额外的甜度，应该逐渐养成少糖的习惯。
- 在坚果和种子上面你也可以做些变动，但为了达到理想的瘦身效果，不应任意增加它们的用量。
- 杏仁露可以由其他的坚果乳代替。椰子水也可以替换成纯净水，不过，这样的话，思慕雪中的营养素含量会少一些。
- 通过添加水或其他液体来影响混合物的稠度：水分越少，最终成品就会越黏稠或越发呈现乳状。从布丁到饮品，任何形态都可以制作出来。

用勺子吃的思慕雪：浓汤、布丁和冰淇淋

不断变换节食期间的日常饮食，可以抵御发胖食品的诱惑。一种选择是准备能够提供能量的浓汤、布丁和冰淇淋。在这种情况下，它们和思慕雪一样是快捷的正餐，但是在浓度和口感上都与更为熟知的顺滑的思慕雪家族成员有很大的不同。

活力浓汤

对于那些需要甜果味思慕雪作为休闲饮品的人来说，丰盛的浓汤——同样有丰富的营养素——是一种获益方法。为尽可能多地保留营养素，应冷饮思慕雪，但如果你觉得凉，也可以小心地加热。但是绝对不要将浓汤煮沸，最好是保持在体温的范围内。

在夏季，成熟多汁的水果因其甜蜜芳香而尤为诱人。

促进脂肪燃烧

热辣番茄

350 克樱桃番茄｜3 根光滑的欧芹｜1 瓣大蒜｜1 根小葱｜1 颗有机甜柠檬｜1/2 根红辣椒｜1 撮卡宴辣椒粉｜1 茶匙龙舌兰糖浆｜1 茶匙橄榄油｜3 颗番茄干｜海盐｜胡椒｜1/4 颗黄椒

制作时间：约 15 分钟

1. 将樱桃番茄洗净，切成粗丁。欧芹洗净沥干，取 2 根切成粗段。大蒜去皮并切成两半。小葱洗净，同样切成粗段。甜柠檬榨汁。取 3 颗樱桃番茄、1 根欧芹和红辣椒作为点缀备用。
2. 将除备用外的所有剩余食材和香料打成糊状。根据需要加入 100 毫升水，或用推杆辅助，使所有食材得以充分搅拌混合。
3. 将搅拌而成的浓汤盛放于小碗中。以 3 颗切半的樱桃番茄、切碎的红辣椒、摘掉的欧芹叶作为装饰撒在浓汤上。

花椰菜味噌汤

1/4 个中型花椰菜 | 1/2 颗柠檬 | 1 汤匙味噌酱 | 4 颗杏仁 | 1 撮咖喱粉 | 150 毫升杏仁露 | 海盐 | 胡椒粉 | 1 根光滑的欧芹

制作时间：约 10 分钟

1. 花椰菜洗净，去除梗和叶。然后分成小块。
2. 榨柠檬汁。将花椰菜、柠檬汁、味噌酱、杏仁、咖喱粉和杏仁露放入搅拌机，加工成乳状质感。
3. 根据喜好用海盐和胡椒调味。欧芹洗净沥干并切碎。汤盛放在碗中，撒上欧芹末即成。

味噌调味酱

味噌酱通常是用发酵的大豆、小麦或大米制成。其中能促进我们消化的天然乳酸菌在未经高温消毒的状态下能够得到保存。

动力布丁

提供给爱吃甜食的人和享乐主义者。此外，即使你时间有限，动力布丁作为一份包含维生素的甜点，或一份用来闪耀全场的自助晚宴礼品都是完美的。

看起来特别漂亮

日落

2 个芒果 | 1/2 个牛油果 | 1 个有机橙子 | 200 克覆盆子（新鲜的或冷冻的）| 1 茶匙龙舌兰糖浆

制作时间：约 10 分钟

1. 芒果去皮、去核，将果肉粗略切碎。同样将 1/2 个牛油果去核，并刮出果肉。橙子取汁。
2. 将除去 50 克覆盆子之外的所有食材放入搅拌机打成乳状。需要的话，加入几汤匙的水。将布丁盛入碗中，撒上剩下的覆盆子即成。

为节食中的巧克力爱好者而备

巧克力梨奶

2个梨 | 1/2个牛油果 | 1根香草荚 | 2茶匙角豆粉或可可粉 | 1汤匙葡萄干

制作时间：约10分钟

1. 梨除去蒂和果核，切成小块。牛油果切成两半去核，将果肉刮出放在碗中。纵向剖开香草荚并用刀背刮出香草籽。
2. 将全部食材加入约70毫升水搅拌，直到布丁呈现出乳状。

随时享用的冰淇淋

为热爱夏天的和所有不想给冰淇淋添加任何不良成分的人而准备。方案名字就说明了，这几款冰淇淋是在任何时候都可以食用的！享用它，为自己制造快乐。

夏日的活力

覆盆子凉茶

1/2个有机柠檬 | 300克冷冻覆盆子 | 1汤匙龙舌兰糖浆

制作时间：约5分钟

1. 挤出柠檬汁，与其余的食材一同放入搅拌机中。加入约70毫升的水，使所有食材得以充分混合。如有必要，用推杆将覆盆子往下压。
2. 制成的覆盆子凉茶应立即享用，或放在冰箱里待用。

甜品中也有叶绿素

健康绿

$2\frac{1}{2}$个苹果 | 1 根香蕉 | 1 把菠菜 | 3 枝新鲜的薄荷 | 1/2 颗甜柠檬 | 1 汤匙龙舌兰糖浆

制作时间：约 10 分钟

冷冻时间：约 4 小时

1. 把 2 个苹果分成四等份，去核并切成小块。香蕉去皮，切成两半。将这两样在冰箱中放置几个小时或一整夜，直至水果被冻住。
2. 将菠菜和 2 枝薄荷洗净沥干。摘下薄荷叶。甜柠檬取汁。
3. 除 1/2 个苹果和剩余的 1 枝薄荷之外，将其他所有食材放入搅拌机。搅拌时慢慢加入约 70 毫升的水，直到呈现出乳状。有必要的话用推杆把食材向下压并搅拌。
4. 将冰淇淋放入盛放甜品的碗中。将 1/2 个苹果切成或刨成薄片，洗净剩下的 1 枝薄荷并摘下叶子。用苹果片和薄荷叶装点冰淇淋。

小贴士

用剩余的思慕雪制作的超级甜零食

一个略微不同的制作冰淇淋的方法：用剩余的果味思慕雪装满制作冰淇淋的模具。然后放入冰箱中，以备在你想吃甜食的时候能有一份健康的思慕雪冰淇淋可供食用。

储存和保质

大多数口味的思慕雪最好都趁新鲜，即一从搅拌机倒出就立即食用。但如果想要将其保存几个小时，例如带到办公室，则应把思慕雪立刻倒入密封的玻璃容器或保温杯中并放入冰箱存放。尽管思慕雪比新鲜的水果和蔬菜汁氧化得要慢一些，但冷藏储存也只是保存了大多数的营养素。此外，思慕雪的颜色、味道和黏稠度也会逐渐改变。绿色思慕雪和果味思慕雪都可以存放一到两天。活力浓汤和动力布丁也一样，准备一些存货是没有问题的。

在途的思慕雪：在办公室和途中的小贴士

思慕雪与忙碌的日常生活极其匹配。它们能够迅速地制作，在路上、在办公室，以及在家中都非常适合饮用。因此，即使你经常在路上，也可以通过一些准备和计划来执行思慕雪方案，无须为此而彻底停下脚步。下面几条建议会对你有所帮助：

- 随时准备好。你应该总是有些健康的东西可以在路上吃，像是一个苹果或无糖的水果切片。这样可以防止你随时随地会遇到的大大小小的发胖诱惑。
- 快速又容易。在思慕雪方案中，你会为早餐和午餐准备不同的饮品。要是去工作的话，则需在早晨将两款思慕雪都制作出来，思慕雪的制作虽然迅速，但仍需一点时间。但你可以简单地制作双份早餐思慕雪，并将其中一份带到公司来。这样虽然少了一份变化，但却避免了在特别紧张的日子里切换到食堂。
- 在外面吃。无论是商务餐还是与朋友一起的晚餐，去餐厅用餐也可以纳入方案。但是，一定要选择大量蒸煮或烤制的新鲜蔬菜，如果你喜欢，也可以再加一块瘦肉、蛋白质含量丰富的海鲜或者优质的鱼肉。不过，最好远离白面包、含脂肪的酱汁和沙拉酱。一小份糙米或全麦面条是允许的，土豆只可配以脂肪含量低的主菜，而且不可以油炸。

- 食堂生活。在餐厅餐桌上的规则也适用于食堂。如果你不想在思慕雪方案期间放弃与同事共进午餐，那么就选择一份蔬菜主菜（不加面条

小贴士

如此获得最好的思慕雪

保持冷却：无论是在公司还是在家里，可能的话要将绿色思慕雪及果味思慕雪始终放在冰箱中保存。

良好的黏稠度：如果思慕雪已经长时间放置，那么饮用前先搅拌或摇晃几下。

颗粒突然变大？思慕雪中的一些成分，如水果干、亚麻籽或奇亚籽，会随着时间推移而吸收大量水分。在这种情况下，只需在容器中倒入一些苹果汁、椰子水或杏仁露，拧紧并再次摇晃即可。在办公室也可以用纯净的矿泉水代替。

思慕雪太多了？这个问题很少出现在思慕雪爱好者身上。不过，如果你无法与其他人共享剩余的思慕雪，并且在接下来几天之内都不会饮用，那么你最好把它冷冻起来。如果把思慕雪倒入冰格中冷冻，那么以后食用时只需把这些冰块直接放入搅拌机，并加入一些液体，转眼就可以变出一杯新鲜的思慕雪。

小贴士

途中要注意

健康饮品的背后也可能隐藏着充满冰淇淋、奶油和糖的卡路里炸弹。在订购前直接问问在你选择的思慕雪中究竟都隐藏着什么。通常情况下，用一个友好的请求直接去掉不健康的增肥食品。

和油炸物）或用油醋汁拌的沙拉。然后在一早一晚尽情享用思慕雪带来的动力。

- 口味尝试。带上一大份你喜爱的思慕雪到公司，直接让挑剔的同事们尝尝。在这个优质的活力饮品面前，任何一个怀疑者都会缴械投降！如果你还发现了盟友，就可以一起更加轻松地瘦身了。

计划性购物：购物清单

如果整整一周都在冰箱和橱柜中塞满能够减掉体重
并使你的味蕾欢呼的充满活力的美味佳肴，那么思慕雪方案就会变得易如反掌。

为期一周的思慕雪餐一旦开启，你会需要更频繁地去市场或有机商店。因为很多食材都需要你每隔几天就去购买新鲜的。这样就不会造成对新鲜食材不必要的浪费，而且你也会及早注意到，哪些食材是你想要去掉或替换掉的，而哪些你使用得还不够。

思慕雪餐在节食期间可以迅速且容易地进行简单的改变，你可以替换水果的种类或从第122页起的食谱库中选择一款替换整个菜品，因为每一餐都要能够使你感到快乐。

你很快就会自行整理出自己的创意，并一一尝试所有新鲜多彩、香脆可口的美味变化。

储备购物

在方案开始之前将以下这些食材作为储备食材购买是没有问题的。其中一些食材本来就已经是准备好了的。

水果

15—20 个有机柠檬

6 个有机橙子

2 个有机甜柠檬

蔬菜

7 根胡萝卜

1 头大蒜

300 克卷心菜

3 颗洋葱

1 颗红洋葱

1 大块生姜

水果干和甜食

250 克葡萄干

100 克枸杞

250 克去核蜜枣

100 克杏干

1 板黑巧克力（可可含量 70% 以上）

龙舌兰糖浆，或第 64 页起的其他甜味剂

种子和坚果（每种约 100 克）

蓖麻

核桃

葵花子

南瓜子

亚麻籽（尽可能是金色的）

杏仁

饮品

1 升杏仁露（见第 71 页）

1 瓶（750 毫升）红茶菌

600 毫升椰子水

甘菊茶

自选的水果茶和草本茶

马黛茶

绿茶

50 克抹茶粉

100 毫升沙棘汁

300 毫升蔓越莓汁

油和醋

椰子油

橄榄油

芝麻油

苹果醋

香料和调味料

肉桂

角豆

蔬菜汤

咖喱粉

卡宴辣椒粉

海盐，胡椒

中辣芥末

肉豆蔻

和兰芹籽

月桂叶

薰衣草花或薰衣草茶

4 根香草荚

酱油

番茄酱

250 毫升不含糖的椰奶

谷物

200 克藜麦

200 克糙米

100 克全麦面粉

豆腐

250 克熏豆干（适合轻节食型）

250 克鲜豆腐

新鲜的食材

食谱一般都会提供一个正常的分量。如果你想要朋友或家人也能够享用，那就相应地增加用量。因此，这里列出的食材绝对是最低量，没有上限。你也可以给这份清单补充一些可以作为零食并带给你快乐的水果和蔬菜。而你不喜欢的食材，则可以直接替换。

第一天和第二天

水果

200 克紫葡萄

2 根香蕉

1 个菠萝

200 克草莓（新鲜或冷冻）

2 个苹果

250 克李子

蔬菜和草药

200 克野莴苣

1 包芹菜（特别适合增压节食型）

350 克菠菜（新鲜或冷冻）

1 根红辣椒

2 个番茄

1 根黄瓜

1 小把薄荷

1 个牛油果（特别适合轻节食型）

100 克樱桃番茄

100 克豆芽

40 克蒲公英（适合增压节食型）

1 小束莳萝

鱼（轻节食类型的选项）

1 份烤或烟熏鳟鱼

第三天和第四天

水果

3 个梨

200 克覆盆子（冷冻）

1 个柚子（特别适合增压节食型）

1 个芒果

购买香脆又多彩的思慕雪食材本身就是一种乐趣。

3 个苹果

1 个中等大小的西瓜

1 个桃子

3 个无花果（新鲜的或干的）

蔬菜和草药

40 克荨麻

200 克牛皮菜

1 小束或 1 盆罗勒

300 克卷心菜

3 个番茄

1 小颗紫甘蓝

1 个牛油果

100 克豆芽

400 克西蓝花

第五天到第七天

水果

1 个木瓜（约 300 克）

7 个苹果（至少有 1 个是青苹果）

200 克覆盆子（新鲜或冷冻）

3 根香蕉

1 个梨

300 克樱桃

4 个桃子

150 克蓝莓

蔬菜

50 克牛皮菜

30 克荨麻

100 克野莴苣

300 克菠菜（新鲜或冷冻）

2 根大的红辣椒

150 克欧芹

6 个番茄

1 个西葫芦

1 个牛油果

1 棵小白菜

500 克花椰菜

2 根小葱

300 克蘑菇

忠实的节食伴侣：运动和休息

有一点反复强调仍然不够，即膳食只是瘦身奖章的一面。另外一面什么也没有——因为一切都在于运动！因为燃烧卡路里比计算卡路里要有效得多。

正如方案中一再强调的，在运动和休息时你也要有快乐的陪伴。这样，你就可以把新陈代谢、脂肪燃烧和情绪波动一起都带入正轨。最重要的是，提高你的基础代谢率，因为在休息时一个精力充沛的身体也会比一个未经训练的身体能够燃烧更多的卡路里和脂肪。这就是瘦身中的“肌肉+”。

带着快乐，充满活力

如何保持或者获得好身材，这全都听你的。因为坚持在踏步机上计算卡路里，然后用一大杯奶昔奖励自己，那都是过去的事情了。无论是尊巴舞、

小贴士

再见，卡路里！

在任何状态下都可能燃烧卡路里。下面的说明是每种活动在30分钟内平均消耗的卡路里数：

- 慢跑，速度10千米/小时——300大卡
- 提购物袋——240大卡
- 直排轮滑——230大卡
- 健步走——220大卡
- 骑自行车，速度15千米/小时——200大卡
- 清洁和吸尘——130大卡

如何能在你的日常生活中
加入更多的运动，
与运动真正地协调一致，
并将其“隐藏”在职业、
家庭和业余活动中？
找到你自己的答案——
并遵循着这份答案
去生活吧！

游泳还是在房间内随着你喜欢的音乐舞动——重要的是，你在出汗。

用日常活动补充运动训练，也就是说，用走楼梯代替搭电梯，骑自行车而不是坐公交车或开车上班，午休时散步或慢跑一圈，或者晚上看电影时趁着广告时间在地毯上做几组力量练习。找到一种（或更多）使你获得乐趣的运动方式，并尽可能多做些运动。这是一个用来适当地刺激你瘦身的直接方式。如果你很快就习惯了积极的生活方式，那就要确保你不会再回到慵懒的时期。

平衡：给自己规定足够的休息

我们越是积极，就越发意识到，我们必须要为自己建立休息的绿洲。对此，越来越多的人发现了瑜伽，因为它结合了运动和放松，能塑造身形、收紧皮肤，并有助于平衡。此外，每个人都可以独立完成符合自己能力的体式——瑜伽姿势。你也不会受地点的限制，因为在每个城市中除了会有许多瑜伽课程外，你也可以用一个垫子和一些练习用的DVD将你的客厅武装成瑜伽教室。再叫上几个朋友，你们会一起发现，自己的身体其实什么都能做。你也可以在思慕雪方案之前、期间及之后为自己定制其他休息的绿洲：

- 一次按摩
- 长距离散步
- 桑拿浴和土耳其浴
- 在日常生活中有意识地深呼吸
- 一个只是与你的伴侣在壁炉前靠在沙发上的晚上

或者学习一种在适应期后随时随地可以使用的有意识放松的方法。大多数地方都能提供相应的课程：

- 冥想
- 自我放松训练
- 渐进性肌肉放松
- 足底反射区按摩

你看，你能做什么有益的事，可能性是近乎无穷的。特别是在你的身体已经做了许多净化工作的瘦身期间。

瑜伽能够使你以一种惬意的方式放松身心。

七天思慕雪方案

把橱柜和冰箱塞满，也给大脑塞满信息——现在你已经准备好开始思慕雪方案了！别忘了，你的健康是第一位的。你可以更改食谱，变换各餐的顺序，或者多吃一份思慕雪、蔬菜或沙拉（如果你还是觉得饿的话）。这是你回到理想体重的机会，并伴随着愉快、平静和纯粹的生活乐趣。在节食周期间经常翻翻这本书，来获取新的灵感，尤其是重新激活你的瘦身动机。在这期间用小小的奖赏犒劳自己：一个带有蒸气浴和按摩的健康之夜、一束丰富多彩的鲜花，或者和你最好的朋友一起去看场电影。

第一天

欢迎你来到充满思慕雪动力的新生活！你可以在这里找到许多对三餐和零食的建议。同样还有适量运动的点子，如轮滑、步行上班、游泳或瑜伽课，可能性是无穷的。30分钟的时间应该要有，但整整1个小时更好。

由于你在第一天可能会有很强的饥饿感，那就做两份思慕雪吧，然后把剩下的冻起来。另外，蔬菜条、沙拉和水果自然也是任何时间都可以吃的。

饮品

早上将2个柠檬榨汁，加入2升无汽矿泉水，喝上一整天。

早餐思慕雪

紫色的喜悦

200克紫葡萄 | 1根香蕉（尽可能是冷冻的） | 150毫升杏仁露 | 1撮肉桂粉 | 1撮角豆粉 | 1汤匙葡萄干或依喜好选择其他甜味剂 | 对于轻节食类型：1汤匙蓖麻

制作时间：约5分钟

1. 紫葡萄洗净沥干，并去梗。将香蕉切成两半，和葡萄一起放入搅拌机，并加入肉桂粉、角豆粉和依喜好选择的甜味剂，以及可选添的蓖麻。
2. 倒入杏仁露，将所有食材一起用搅拌机从低挡位开到高挡位打成乳状。

葡萄：亲爱的紫色

紫葡萄比绿葡萄含有更加丰富的抗氧化剂和其他活性物质。它们与香蕉一起在思慕雪中提供大量能量和充分的生活乐趣。葡萄籽还富含抗氧化剂OPC（低聚原花青素），在使身体免受自由基侵害方面具有很强的功效。另外，葡萄籽还能起到稳定血糖水平和抑制食欲的作用。因此，为了你的美丽和健康，如果你的搅拌机效力足够强大，并且你不介意微苦的口味的话，葡萄应当带籽食用。

加餐

零食

1/2 个菠萝 | 1 汤匙枸杞 | 对于增压节食型：2 根芹菜

制作时间：约 5 分钟

1. 菠萝切成小块，与枸杞混合在一起。属于增压节食型的，再将 2 根芹菜切成小块加到沙拉中。
2. 将所有食材混合在一起搅拌后享用。

午餐思慕雪

快乐阳光

1/3 个菠萝 | 1 个有机橙子 | 1 把野莴苣 | 2 汤匙枸杞

制作时间：约 10 分钟

1. 菠萝去皮，切成块。橙子去皮，分成瓣。野莴苣洗净并沥干。
2. 将所有食材一起放入搅拌机，加 150 毫升水。先用搅拌机低挡位，之后再开到高挡位打成糊状。

超级美味的节食能手

快乐阳光——这款思慕雪既能燃烧脂肪，同时还是排毒饮品，它可以排除毒素并减掉体重。

排毒晚餐

藜麦菠菜锅

1 瓣大蒜 | 1/2 颗红洋葱 | 2 茶匙椰子油 | 50 克藜麦 | 150 毫升蔬菜汤 | 300 克菠菜（新鲜或冷冻） | 1/2 根红辣椒 | 2 个番茄 | 海盐 | 胡椒粉 | 1/2 颗柠檬 | 1 撮咖喱粉 | 1 撮卡宴辣椒粉

制作时间：约 30 分钟

1. 大蒜、洋葱去皮并切碎。将 1 茶匙椰子油倒入一个小锅中加热，洋葱和大蒜炒香。
2. 加入藜麦烧 2 分钟，不断搅拌，以免烧煳。加入 100 毫升蔬菜汤并转小火，降低温度，盖上盖子用文火煨 15 分钟。
3. 如果菠菜是新鲜的，在此期间洗净菠菜并切成条状。辣椒和番茄同样洗净并切成小块。在平底锅中加热剩下的椰子油。菠菜炒 5 分钟，用海盐和胡椒调味。加入其余的蔬菜汤并将所有食材煮成乳状。放入番茄和辣椒块。
4. 现在放入藜麦，并将全部食材进行搅拌。柠檬榨汁，并以柠檬汁、咖喱粉和卡宴辣椒粉给藜麦菠菜锅调味。

与类型相符

一些更基础性的绿色食物，刚好符合增压节食型：用野莴苣做一款简单的沙拉，配上油醋汁食用。而属于轻节食类型的，可以在晚餐补充 1 块油煎鳟鱼或熏鳟鱼，素食主义者则可用 100 克熏豆干代替。

第二天

你昨天有规律地做慢跑运动了吗？不要让你内心的怠惰阻碍你前进的脚步，今天也安排一定量的运动吧。另外，还有两款美味的思慕雪、餐间零食和清淡的晚餐。

饮品

早上再次将2个柠檬榨汁，加入2升矿泉水，喝上一整天。

小贴士

味道如何？

方案中的食谱完全不合你的心意？没问题，那你就从第118页起的思慕雪和排毒菜中找到一款你能制作的替代品。重要的是，节食给你带来快乐——因为只有这样你才会留在方案中，并且在实际的方案周之后乐于继续享受思慕雪健康又时尚的生活方式。

早餐思慕雪

玫瑰红的鼓舞

200克草莓（新鲜或冷冻）| 1/2个苹果 | 1根中等大小的黄瓜 | 1根芹菜（对于增压节食型：2根）| 1把新鲜薄荷 | 1/2个柠檬 | 2颗去核蜜枣

制作时间：约10分钟

1. 如果草莓是新鲜的，洗净并去蒂。1/2个苹果洗净，切成四份并去核。黄瓜和芹菜秆洗净并切成小块。薄荷洗净并沥干。摘下薄荷叶。柠檬榨汁。
2. 将所有食材放入搅拌机中并打成乳状饮品。

复合才能

这款“玫瑰红的鼓舞”不仅味美，而且是完美的解渴饮品。此外，它还可以消除脖子上的脂肪，是你皮肤真正的不老泉。

午餐思慕雪

代谢佳酿

250克李子 | 1把菠菜 | 2颗去核蜜枣 | 1汤匙玛咖粉 | 对于轻节食型：1根香蕉

制作时间：约10分钟

1. 李子洗净，切成两半去核。菠菜洗净沥干，并切碎。属于轻节食型的：香蕉去皮，分成四份。
2. 将所有食材放入搅拌机中，加入150毫升水，先慢速再快速打成乳状。

加餐

零食

3根胡萝卜 | 1个苹果 | 少许柠檬汁 | 对于轻节食型：5个核桃或1/2个牛油果

制作时间：约5分钟

1. 胡萝卜洗净切成条，苹果洗净切成窄条。将二者滴上柠檬汁。
2. 属于轻节食型的，配上5个核桃或1/2个牛油果一起吃。

小贴士

没有痛苦！

如果你昨天吃完午餐思慕雪之后很快就又饿了，那今天就直接把分量加倍吧。在节食中你可以总是处于饱腹状态。

排毒晚餐

杂色芽菜沙拉

1根胡萝卜 | 1/2根红辣椒 | 100克樱桃番茄 | 100克野莴苣 | 1把豆芽（如苜蓿和绿豆芽） | 1茶匙葵花子 | 对于增压节食型：40克蒲公英 | 对于轻节食型：1汤匙松子 | 1/2瓣大蒜 | 1棵莳萝 | 1汤匙中辣芥末 | 1汤匙龙舌兰糖浆 | 1汤匙苹果醋 | 2茶匙橄榄油 | 海盐 | 胡椒

制作时间：约 15 分钟

1. 胡萝卜洗净擦丝。辣椒和樱桃番茄洗净，切成小块。野莴苣洗净沥干，可选的蒲公英同样洗净切成小块。
2. 将蔬菜、野莴苣和蒲公英放入碗中，加入豆芽、葵花子、可选的松子。
3. 大蒜去皮切碎或压碎。莳萝也切碎。将二者用芥末、龙舌兰糖浆、苹果醋、油、盐、胡椒和 2 汤匙水混合。装饰一下并享用你的沙拉。

第三天

你现在或许已经习惯了运动的好处，但休息和放松也不应被忽视。对你的身体来说，虽然从长远来看，变化会带来更多的活力，但在最初的几天也可能出现精神不济和情绪波动——这是你的身体在排毒的迹象。

因此，今天给你的运动方案中加上一个放松疗程，可以是有 CD 引导的冥想、泡泡浴或按摩。而且别忘了，在这期间不断大量地补充水分，最好是草本茶和水。直接食用水果比果汁的形式更能产生饱腹感，因此水果也是非常好的零食。

饮品

早上再次将 2 个柠檬榨汁，加入 2 升矿泉水，喝上一整天。

早餐思慕雪

覆盆子红茶菌

1 个梨 | 200 克冷冻覆盆子 | 2 颗去核蜜枣 | 200 毫升红茶菌 | 对于轻节食型：2 汤匙葵花子

制作时间：约 5 分钟

1. 梨洗净并去核，切成大块。
2. 把梨同覆盆子、蜜枣和红茶菌一起放入搅拌机。属于轻节食型的，再添上葵花子。将所有食材先用低挡位，再开到高挡位打成糊状。

红茶菌

红茶菌是一款由绿茶或红茶发酵制成的清凉饮品。据说其具有排毒和促进新陈代谢的功效。此外，红茶菌可以刺激消化，因此是瘦身思慕雪中水的完美替代品。许多有机商店以及药妆店和超市都出售这种含有少量碳酸的纯天然时尚饮品。它有不同的口味，而纯红茶菌的饮用也是一种享受。

加餐

零食

对于增压节食型：1 颗葡萄柚

1. 将葡萄柚切成两半，用勺子挖着吃。

你今天还能够享用的就只有 1 小把葡萄干和核桃。

午餐思慕雪

绿色的平和

1 个芒果 | 1 个苹果 | 1 小把荨麻 | 1 片牛皮菜叶 | 3 根罗勒 | 1 茶匙龙舌兰糖浆 | 200 毫升椰子水

制作时间：约 10 分钟

1. 芒果去皮，将果肉从果核上切下来。苹果洗净分成四份，去核，切成块。荨麻、牛皮菜和罗勒叶洗净，沥干并切碎。
2. 将所有食材放入搅拌机打成糊状。

椰子水

新鲜椰子的椰子水（不要和椰奶搞混）含有少量卡路里，呈强碱性。在许多药妆店和有机商店中均有销售。

排毒晚餐

卷心菜热汤

1 颗洋葱 | 1 瓣大蒜 | 2 茶匙椰子油 | 300 克卷心菜 | 1 根胡萝卜 | 3 个番茄 | 1 撮卡宴辣椒粉 | 1 撮孜然粉 | 500 毫升蔬菜汤 | 1 片月桂叶 | 1/2 个柠檬 | 1 块生姜（约 1 厘米长） | 1 茶匙龙舌兰糖浆 | 海盐

制作时间：约 45 分钟

1. 洋葱和大蒜去皮并切碎。在一个大锅中把油烧热，把洋葱和大蒜炒大约 5 分钟。
2. 卷心菜洗净，在传统商店中购买的去掉最外层的叶子。将卷心菜叶从茎上取下并切成小块。胡萝卜洗净，切成薄片。
3. 把蔬菜倒入锅中，清炒几分钟。放入洗净并切碎的番茄。用卡宴辣椒粉和孜然粉调味。再倒入蔬菜汤，并加入月桂叶。
4. 把汤煮沸，再用文火煨约 30 分钟。柠檬榨汁，生姜去皮并擦成末。在汤中加入柠檬汁、姜末和龙舌兰糖浆，依喜好调味。再继续煮 5 分钟。

餐间零食

这款汤你可以准备三倍或四倍的用量，并在接下来的几天作为餐间零食享用。而如果你想要在喝完这款热汤之后吃点儿甜食，那你可以享用 25 克可可含量极高的巧克力，和一杯加了龙舌兰糖浆或甜叶菊的茶。

第四天

在充满思慕雪动力的最初几天后感觉怎么样？顺利进入新节奏了吗？不然的话就尝试在晚上饮用思慕雪，在中午吃排毒菜。而在低能量的下午，最好喝一杯绿茶或马黛茶而不是咖啡，因为茶能给你持久的能量，并在瘦身期间给你提供支持。

饮品

如果你昨天制作了覆盆子红茶菌，那么你可以从今天开始每天喝一杯。由于它有促进消化的功效，对于增压节食型来说是特别值得推荐的。此外，你应该坚持饮用柠檬水。

早餐思慕雪

热浪

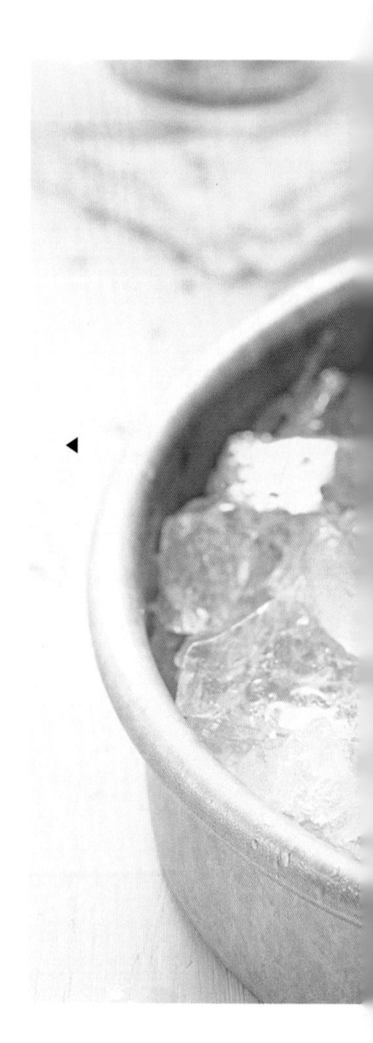

1/4 个西瓜（带皮约 600 克）| 1 个桃 | 1 个甜柠檬 | 2 片紫甘蓝叶 | 100 毫升蔓越莓汁（最好不加糖）| 1 汤匙葡萄干或其他依喜好选择的甜味剂 | 对于轻节食型：2 汤匙金色亚麻籽或磨碎的亚麻籽

制作时间：约 10 分钟

1. 西瓜去皮并切成小块。桃子洗净，切成两半，去核并切成小块。甜柠檬取汁。紫甘蓝叶洗净擦成丝，或切成极小的块。
2. 将所有食材一起放入搅拌机。需要的话，多加一些蔓越莓汁。

HEAT

午餐思慕雪

薰衣草之梦

2个苹果 | 3个无花果（鲜的或干的）| 1把豆芽（苜蓿或水芹）| 2茶匙薰衣草花 | 1汤匙葵花子 | 200毫升杏仁露 | 1汤匙葡萄干或依喜好选择的其他甜味剂

制作时间：约5分钟

1. 将苹果洗净，分成四份，去核并切成小块。鲜的或干的无花果分成四份。
2. 把所有食材放入搅拌机打成浆。最好在开始时用低挡，最后用最高挡将所有食材搅拌成乳状。

薰衣草茶也不错

如果你没有保存新鲜的或干的薰衣草花，也可以用沏好的袋泡薰衣草茶制作。

零食或甜点

到今天你就已经完成了思慕雪周的一半。把巧克力梨奶当作零食或甜点来庆祝吧（参见第87页）。属于轻节食型的点缀上一些蓖麻，其他人则用枸杞来代替。

排毒晚餐

豆腐西蓝花

75克鲜豆腐 | 3汤匙酱油 | 400克西兰花 | 150克牛皮菜 | 2茶匙香油 | 1根胡萝卜 | 1茶匙南瓜子 | 2茶匙葡萄干 | 海盐 | 胡椒 | 对于轻节食类型：补充50克糙米

制作时间：约40分钟

1. 豆腐切成小块，在酱油中浸泡约10分钟。
2. 属于轻节食类型的，将糙米放入烧开的盐水中煨煮。
3. 西蓝花洗净，切成小朵。去掉花茎上坚硬的外皮，并将花茎分成小块。将西兰花放入锅中蒸约7分钟。
4. 在此期间，洗净牛皮菜叶并沥干。菜梗切碎，放置一旁待用，菜叶切成条。将牛皮菜叶和西蓝花一起继续煮3—5分钟。
5. 在平底锅中撒上1茶匙香油。豆腐块沥干，煎5分钟左右。酱油放置一旁待用。

6. 胡萝卜洗净擦丝。西蓝花和牛皮菜盛入一个深盘。加入豆腐块、胡萝卜丝、牛皮菜梗、南瓜子和葡萄干，淋上2茶匙酱油和1茶匙香油。用盐和胡椒调味。

第五天

在充满思慕雪、碱性食物和活力营养素的四天之后你感觉怎么样？现在，你应该会感到早晨充满了能量。为了进一步刺激脂肪燃烧，今天会有大量叶绿素和超级食物木瓜。柠檬水和每天定量的运动也不能缺少，这会为你良好的生活习惯打下基础。

早餐思慕雪

木瓜饮

1个小木瓜（约300克）| 1个橙子 | 1颗有机柠檬 | 2汤匙南瓜子 | 1汤匙葡萄干或依喜好选择的其他甜味剂

制作时间：约10分钟

1. 木瓜切成两半去籽，将一半木瓜去皮并切成小块。橙子去皮并切开。
2. 柠檬洗净，切成两半，挤出柠檬汁。将1/2柠檬带皮擦成丝。
3. 将所有食材放入搅拌机中，加200毫升水打成糊状。

午餐思慕雪

和事佬

1个青苹果 | 1颗有机柠檬 | 1把牛皮菜 | 2棵罗勒 | 200克覆盆子（新鲜或冷冻）| 1汤匙葡萄干 | 对于增压节食型：3棵荨麻 | 对于轻节食型：1汤匙金色亚麻籽或磨碎的亚麻籽

制作时间：约5分钟

1. 苹果洗净，分成四份，去核并切成小块。柠檬洗净榨汁，1/2颗柠檬带皮擦成丝。牛皮菜叶和罗勒洗净并沥干。牛皮菜切成小块，摘取罗勒叶。根据测试结果属于增压节食型的，应将荨麻洗净沥干，并粗略剁碎。覆盆子如果是新鲜的，洗净。
2. 把所有食材加200毫升水放入搅拌机，先用低速挡，再用最高挡打成糊状。

加餐

绿色水果沙拉

1把野莴苣 | 1个苹果 | 1根香蕉 | 2个橙子 | 1汤匙葡萄干 | 1茶匙葵花子 | 1撮肉桂粉

制作时间：约10分钟

1. 将野莴苣彻底洗净并沥干。苹果洗净，切成四份，去核并切成小块。香蕉去皮并切成片。将所有食材放入一个碗中，混合在一起。
2. 2个橙子榨汁，把橙汁倒入混合的食材中。用葡萄干、葵花子和肉桂粉装饰即成。

排毒晚餐

菠菜饭瓤辣椒

30克糙米 | 海盐 | 250克菠菜叶（新鲜或冷冻） | 1/2颗洋葱 | 1撮卡宴辣椒粉 | 2根大的红辣椒 | 3根欧芹 | 1瓣大蒜 | 3颗杏仁 | 1茶匙龙舌兰糖浆 | 4汤匙番茄酱 | 250毫升蔬菜汤 | 1汤匙全麦面粉 | 4汤匙椰奶 | 2个番茄

制作时间：约1小时15分钟

1. 将糙米放入两倍量的盐水中煮约30分钟。
2. 将烤箱预热至200℃。
3. 菠菜洗净沥干，并切成条状。1/2颗洋葱去皮，切成小方块。将这两样一起放入锅中加水蒸3分钟。依口味用盐和辣椒调味。
4. 切掉辣椒的底部并将辣椒挖空。沥干菠菜上的水，拌上2汤匙番茄酱和米饭并调味。将2根欧芹秆洗净并切碎，大蒜去皮剁碎，杏仁碾碎，一起加入一定量的龙舌兰糖浆混合。将混合物填入辣椒并盖上盖子。
5. 在蔬菜汤中加入2汤匙番茄酱，拌匀后倒入一个小烤盘或耐热的模具。笔直地将填满混合物的辣椒放入烤箱中烤约30分钟。
6. 用椰奶拌和全麦面粉。将番茄和剩下的欧芹洗净并切碎。把蔬菜汤从烤盘中取出倒入一个小锅，放入椰奶糊煮2分钟。加入番茄碎和欧芹再煮2分钟。调味，并与辣椒一起装盘。

运动员的附加零食

可以预先煮熟大量糙米，因为特别是在大量运动负荷下，配有蔬菜的糙米可以充当营养丰富的优质零食。运动量大的人，可以每天安心地在饮食计划中加入一份60克煮熟的糙米。这相当于20克生米。

第六天

思慕雪瘦身周就要完成了！还是说你现在已经完全适应这种口味，并且有更大的兴趣了呢？你今天还要平静地想一想，是否还想把思慕雪方案延长几天或一个星期。那样的话你会从其积极功效中获益更多，当然也会减掉更多的体重。

就用今天来尝试对你有好处的新事物吧。去上一节弗拉门戈舞的课程，尝试一下空中瑜伽或者去溜冰场疯玩一圈——如果我们是想要去做而不是必须去做的话，运动可以创造许多乐趣。

饮品

早晨继续做好柠檬水。属于增压节食型的，还要放1茶匙抹茶粉到150毫升椰子水中搅拌均匀，去享用这款温和的清醒剂吧。

早餐思慕雪

果香洋甘菊

2个甘菊茶包或2茶匙新鲜的洋甘菊｜2个苹果｜1个梨｜1根香草荚｜1汤匙葵花子｜2茶匙龙舌兰糖浆

制作时间：约10分钟

冷却时间：约45分钟

1. 泡好200毫升的洋甘菊水，冷却备用。

小贴士

混合草药茶

草药茶非常适合于思慕雪的制作。它们通常显示出自己独特的健康优势，同时给予思慕雪一个独特的性质。茴香茶具有镇静和促进消化的功效，薄荷有助于减轻胃肠道的负担，而洋甘菊则可以用来安神。选择你喜欢的口味，尝试一下！

2. 苹果洗净，分成四份，去核并切成小块。梨洗净，去核，并分成四份。用锋利的刀将香草荚纵向剖开，并用刀背把香草籽刮出来。
3. 将所有食材与洋甘菊水一起放入搅拌机中打成糊状。

午餐思慕雪

助力维生素 C

2 个橙子 | 1/2 个苹果 | 1 根香蕉 | 1 颗甜柠檬 | 1 根中等大小的胡萝卜 | 1 块生姜（约 1 厘米长） | 2 汤匙枸杞 | 1 汤匙金色亚麻籽或磨碎的亚麻籽（对于轻节食类型：2 汤匙） | 3 颗去核蜜枣 | 50 毫升沙棘汁

制作时间：约 10 分钟

1. 橙子去皮切碎。苹果洗净，分成四份，去核并切成小块。香蕉去皮分成四份。甜柠檬取汁。胡萝卜洗净并切成小块。生姜去皮（在有机商店购买的无须去皮）并切成两半或擦成丝。
2. 将所有食材都放入搅拌机。放入枸杞、亚麻籽和蜜枣。加入沙棘汁和 100 毫升水打成糊状。

维生素奇迹——沙棘

沙棘汁含有近十倍于柠檬的维生素 C。在与其他柑橘类水果的组合中，沙棘是这杯闪亮的思慕雪中的一个独特的抗氧化剂球。

零食

今天用一份蔬菜脆片或毛豆来犒劳自己吧！食谱见第 67 页。

排毒晚餐

藜麦沙拉配欧芹

1 瓣大蒜｜1/2 颗洋葱｜1 茶匙椰子油｜50 克藜麦｜100 毫升蔬菜汤｜100 克欧芹（约 2 束）｜4 个番茄｜1 个西葫芦｜1 茶匙橄榄油｜1 茶匙苹果醋｜盐｜胡椒｜1/2 颗柠檬（对于增压节食型：1 颗柠檬）｜3 颗杏干｜1 茶匙南瓜子｜对于轻节食型：1 汤匙蓖麻

制作时间：约 25 分钟

1. 大蒜和洋葱去皮，切成小丁。油放入小锅中烧热，在里面煸炒洋葱和大蒜。加入藜麦炒 2 分钟，并不断搅拌以免烧焦。加入蔬菜汤并关小火，降低温度，并盖上盖子用文火煮 15 分钟。
2. 欧芹洗净沥干，切掉茎的根部，把剩下的部分切碎。番茄洗净并切成小块。西葫芦洗净并横向切成两半。用削皮刀纵向削成细条。

3. 把切碎的蔬菜放在一个大碗里，加入煮熟并稍微冷却的藜麦。加入一点点橄榄油和苹果醋，用盐和胡椒调味。把柠檬汁挤在沙拉中，搅拌均匀。
4. 杏干切成小块，与南瓜子和轻节食型的蓖麻一起装饰沙拉。

欧芹力

欧芹中富含铁和维生素 C，因此完美地适合于思慕雪瘦身方案。怀孕期间最好不要大量食用欧芹。

第七天

今天还会有运动和美食来助你消减体重。也许这是你方案的最后一天，也许你的思慕雪冒险之旅还要从这里继续进行——继续吃一个星期的思慕雪和排毒晚餐。

要感谢你的不仅是你的腰围，你的整个身体都会感到高兴。如果你已经达到了自己的瘦身目标，你仍然可以保持下去——只是多吃一些零食，或者用更多的坚果，以及营养丰富的水果（如牛油果）来丰富你的思慕雪。

现在你可能已经是思慕雪和生命力的专家了。而你现在一定知道，如何将健康饮品和正餐更好地融入你的日常生活并且加入更多的运动。对于节食周之后的时间，以及对于长期的瘦身来说，第151页起的15条行之有效的指南可供你参考。

饮品

早晨你要再次制作并享用柠檬水，你也许想要继续保持这个习惯，即使你的思慕雪方案最终会结束。

早餐思慕雪

真爱

300克樱桃 | 1/2个牛油果 | 1根香草荚 | 200毫升椰子水 | 2颗蜜枣或依喜好选择其他甜味剂 | 对于轻节食型：1汤匙蓖麻 | 对于增压节食型：1把菠菜

制作时间：约10分钟

1. 樱桃洗净沥干，分成两半并去核。牛油果去核并刮出果肉。用一把锋利的刀纵向剖开香草荚，并用刀背把香草籽刮出来。属于增压节食型的：菠菜洗净沥干并切成小块。
2. 将所有食材放入搅拌机中打成糊状。

午餐思慕雪

桃色天堂

4个桃子 | 1/2根香蕉（对于轻节食型：1根香蕉） | 1棵小白菜 | 1/2根香草荚 | 2颗去核蜜枣

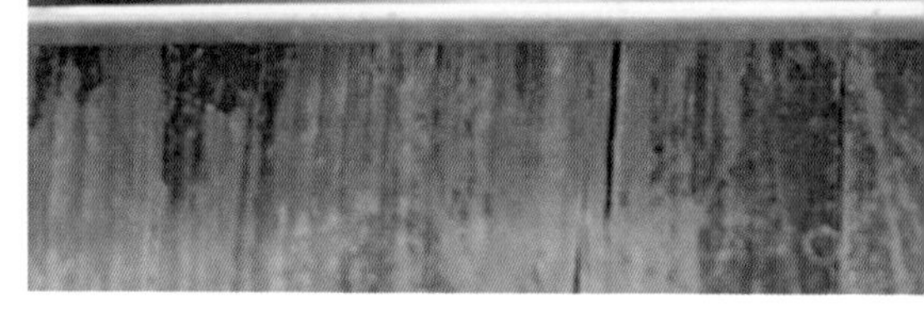

制作时间：约 5 分钟

1. 桃子切成两半去核。香蕉去皮。小白菜洗净沥干，去梗并把叶子切成小块。香草荚纵向剖开，并将香草籽刮出。
2. 将所有食材加入 200 毫升水放入搅拌机中打成糊状。

加餐

热肉桂苹果配蓝莓酱

2 个苹果 | 4 汤匙龙舌兰糖浆 | 2 茶匙肉桂粉 | 150 克蓝莓

制作时间：约 10 分钟

烘烤时间：约 15 分钟

1. 烤箱预热至 200℃。
2. 2 个苹果洗净，去核并分成八份。将 3 汤匙龙舌兰糖浆、1 汤匙水和肉桂粉放入一个深盘拌匀。把苹果块放在混合好的调料中翻滚一下，使其沾满调料，然后摆放在烤盘或耐热模具中放入烤箱。尽量切换到烧烤功能烘烤 15 分钟。
3. 将蓝莓和 1 汤匙龙舌兰糖浆用搅拌机混合成酱汁。需要的话加少许水。将烤好的苹果块与酱汁一起装盘。

美味的甜点

这款热肉桂苹果配蓝莓酱也是除花椰菜泥之外的另一款完美甜点。蓝莓富含抗氧化剂，与苹果一起能提供丰富的瘦身营养素。

菌菇花椰菜泥

500克花椰菜｜2根小葱｜海盐｜300克蘑菇｜1/2颗洋葱｜2根欧芹｜1瓣大蒜｜2茶匙椰子油｜胡椒｜2茶匙全麦面粉｜200毫升杏仁露｜1撮肉豆蔻

制作时间：约25分钟

1. 花椰菜洗净，去掉叶和茎，分成小朵。小葱同样洗净并切成小段。加些水煮沸并加盐，加入花椰菜和小葱煮约15—20分钟。或者也可以把蔬菜放在蒸锅中蒸熟。
2. 蘑菇洗净，切成薄片。洋葱去皮，切成小块。欧芹洗净沥干并切碎。大蒜去皮并切碎。1茶匙椰子油在平底锅中烧热。放入洋葱煸炒，再放入蘑菇。放入大蒜和欧芹，用盐和胡椒调味，翻炒3分钟左右，并不时搅拌。
3. 用100毫升杏仁露和匀全麦面粉，并倒入上述蘑菇混合物。把所有食材煮沸，并用文火煮约5分钟。
4. 在这期间沥干花椰菜上的水。加1茶匙椰子油在花椰菜上。用肉豆蔻、盐和胡椒调味，倒入剩下的杏仁露。然后把所有食材用搅拌机粉碎混合。
5. 把粉碎的菜泥装入盘中，再加上蘑菇大杂烩。

用花椰菜对抗多余的体重

尽管花椰菜的卡路里含量很低，但它含有非常丰富的营养素，如能够瘦身和增强免疫力的维生素C。此外，由于它含有钾，也能起到排水的作用。当然，像许多其他食物一样，这也是个口味问题。尽管花椰菜在健康上有许多好处，但要是不喜欢它的话，西蓝花是一个非常好的绿色替代品，适合制作菌菇菜泥。

你的食谱库

思慕雪方案已经向你展示了，制作美味而又营养丰富的思慕雪和排毒餐的多种可能性。但你可能还想要再附加一个，甚至两个节食周，重要的是根据你自己的瘦身期继续保持健康、新鲜、富含微量营养素且色彩丰富的饮食。因此，你要在下面几页中寻找大量食谱创意：多彩思慕雪，特别是绿色思慕雪，排毒晚餐和甜品。这样的话，你今后的膳食中就不会再缺失什么营养素，同时还能充满活力，此外你也能获得或保持你的理想体重。

你当然可以在你的疗程中使用这些食谱。如果在七天思慕雪方案中有你不喜欢的东西，那就用下面其中一个食谱来替换。你只需注意，对购物清单（第92页起）做出相应地修改。过不了多久，你一定也会在你的厨房中巧妙地做出你自己的创意，并发现你个性化的喜好。

多彩思慕雪

下面介绍的思慕雪中含有最好的水果品种中蕴含的特别丰富的水果甜香，而这种水果的甜香有时也存在于一些蔬菜之中。这种动力饮品是种纯粹的享受——即使是对于入门者来说——同时也是近乎不可思议的健康饮品。有了这些选择，你肯定能够说服那些对思慕雪持怀疑态度的朋友或同事。

清新的视觉盛宴

靓丽的粉

1/2个蜜瓜 | 200克草莓 | 1颗甜柠檬 | 1汤匙的金色亚麻籽或磨碎的亚麻籽 | 2茶匙龙舌兰糖浆

制作时间：约15分钟

1. 蜜瓜去籽，去皮，切成块。草莓洗净并去梗。甜柠檬取汁。
2. 将所有食材加100毫升水放入搅拌机中打成糊状。

轻盈奶香

七重天

2袋八角茴香茶包 | 2个梨 | 1块生姜（约2厘米长） | 1把生菜 | 2颗去核蜜枣

制作时间：约5分钟

冷却时间：约45分钟

1. 冲泡好200毫升的八角茴香浓茶

水，并冷却。

2. 梨洗净并分成四份。生姜去皮（在有机商店购买的无须去皮），切成两半或擦丝。把生菜洗净沥干，并切成小块。

3. 将所有食材及茶水放入搅拌机中打成糊状。

完美排毒饮

玻璃杯中的夏天

1/4 个中等大小的西瓜（带皮约 600 克）| 1/4 根黄瓜 | 1 把新鲜薄荷 | 1 个有机柠檬 | 1 汤匙葡萄干或依喜好选择的其他甜味剂

制作时间：约 10 分钟

1. 西瓜去皮并切成小块。黄瓜洗净，切成四份。薄荷洗净并沥干。把薄荷叶从茎上摘下来。柠檬洗净，切成两半取汁。用 1/2 个柠檬皮擦丝。

2. 将所有食材放入搅拌机中，加 100 毫升水打成糊状。

更少的卡路里，更丰富的口味！

这款排毒思慕雪不仅可以排出体内多余水分，而且能够使人精神焕发，因此它非常适合炎热的夏天。为了打造出冰凉的解渴饮品，你可以根据喜好在使用前再将西瓜冰镇几个小时。它会使你联想到美味的水冰和在海滩散步的感觉。

小贴士

针对类型变换食谱

食谱库中的食谱也可以多样化！在第 46 页起的测试中被认定是轻节食型的，可以在思慕雪中添加 1—2 汤匙的种子或坚果。相反，增压节食型则要加些叶类蔬菜，可以把纯水果思慕雪简单地转变成绿色思慕雪——为了获得更多的纤体效力。

长时间的饱腹感

芒果，冲！

2个芒果 | 1个橙子 | 1根香蕉 | 1汤匙葵花子 | 1汤匙枸杞 | 1撮卡宴辣椒粉 | 1撮肉桂粉

制作时间：约5分钟

1. 芒果去皮，把果肉从果核上切下来。橙子去皮并分成瓣。香蕉去皮，并切成四份。
2. 将所有食材加100毫升水放入搅拌机中打成糊状。

富含维生素A原

茴香之趣

1个茴香根 | 2个梨 | 2颗去核蜜枣

制作时间：约5分钟

1. 茴香根和梨洗净。梨去皮。将这两样切成小块。
2. 将所有食材加200毫升水放入搅拌机中打成糊状。依喜好添加蜜枣使其变甜。

针对午后的低能量

饥饿杀手

2个苹果 | 2根香蕉 | 1块生姜（约1厘米长） | 2汤匙奇亚籽 | 2颗去核蜜枣

制作时间：约5分钟

1. 苹果洗净，分成四份去核并切成小块。香蕉去皮并切成四份。生姜去皮（在有机商店购买的无须去皮）并切成两半或擦成丝。
2. 将所有食材加200毫升水放入搅拌机中打成糊状。

作为布丁食用的饥饿杀手

如果你让思慕雪透30分钟的“气”，那么奇亚籽会使思慕雪变得更加黏稠，而成为布丁。这样你就可以用勺子食用并获得充足的饱腹感。

维生素 C、铁和燃烧脂肪的辣度

红辣

2 个有机血橙 | 1 个苹果 | 1 颗中等大小的红菜头 | 1 块生姜（约 1 厘米长）| 2 颗去核蜜枣 | 1 撮卡宴辣椒粉

制作时间：约 10 分钟

1. 血橙洗净，去皮，并切成小块。1/2 个血橙皮擦丝。苹果洗净，分成四份去核，并切成小块。红菜头去皮并切成四份（如果用转速较慢的搅拌机还要擦成丝）。生姜去皮（在有机商店购买的无须去皮）并切成两半或擦成丝。
2. 将所有食材加 200 毫升水放入搅拌机中打成糊状。

夏日的混合营养素

落日惊喜

200 克樱桃 | 100 克樱桃番茄 | 1/2 颗甜柠檬 | 2 汤匙枸杞

制作时间：约 5 分钟

1. 樱桃洗净，分成两半去核。樱桃番茄同样洗净，分成两半。甜柠檬取汁。
2. 将樱桃、番茄、甜柠檬汁和枸杞加 150 毫升水放入搅拌机中打成糊状。

对孩子也很好

为说服孩子饮用这款美味饮品，“落日惊喜”这个美丽的名字是十分理想的。樱桃不仅味美，还含有许多矿物质，如钾和钙，以及很高的锌含量——不仅有助于我们的瘦身，同样有益于孩子的骨骼成长。顺便说一句，这款思慕雪还包含了大量像樱桃番茄这样的蔬菜。

特别丰富的维生素 C

流动的阳光

5 个有机橙子 | 1 颗有机甜柠檬 | 2 个苹果 | 1 块生姜（约 1 厘米长） | 200 克冷冻覆盆子 | 1 汤匙葡萄干或者依喜好选择的其他甜味剂

▲

制作时间：约 10 分钟

1. 4 个橙子取汁。最后一个橙子去皮并切碎。1/2 个橙子皮擦丝。甜柠檬切成两半取汁。苹果洗净，分成四份去核，并切成小块。最后将生姜去皮（在有机商店购买的无须去皮）并切成两半或擦成丝。
2. 将所有食材放入搅拌机中打成糊状。需要的话加少许水。

满满的饱腹品和瘦身品

海滩思慕雪

1/3 个菠萝 | 1 个芒果 | 1 根香蕉 | 2 汤匙枸杞 | 1 汤匙蓖麻 | 200 毫升椰子水 | 1 汤匙葡萄干或者依喜好选择的其他甜味剂

制作时间：约 10 分钟

1. 菠萝去皮切成小块。芒果去皮，并把果肉从果核上切下来。香蕉同样去皮，分成四份。
2. 将所有食材放入搅拌机中打成糊状。开始时用低挡，最后用最高挡搅拌。

热带甜品和饱腹品

奇亚飘香

1/3 个菠萝 | 1 根香蕉 | 2 汤匙奇亚籽 | 1 汤匙椰子片 | 200 毫升椰子水 | 1 汤匙葡萄干或者依喜好选择的其他甜味剂

制作时间：约 10 分钟

1. 菠萝去皮切成小块。香蕉去皮，切成两半。
2. 将所有食材放入搅拌机中打成糊状。需要的话，给它增甜。

丰富的酶和维生素 C

唤醒

2 个橙子 | 1 根香蕉 | 1 块生姜（约 1 厘米长） | 1 把豆芽（如苜蓿和

绿豆）| 2茶匙龙舌兰糖浆

制作时间：约5分钟

1. 2个橙子去皮，分成瓣。香蕉同样去皮，分成四份。生姜去皮（在有机商店购买的无须去皮）并切成两半或擦成丝。豆芽洗净沥干。
2. 将所有食材加200毫升水放入搅拌机中打成糊状。需要的话，给它增甜。

丰富的维生素A原和纤维素

杏色

5个杏 | 1个梨 | 3个有机橙子 | 2汤匙金色亚麻籽或磨碎的亚麻籽

制作时间：约10分钟

1. 杏分成两半去核。梨洗净，切成小块。橙子切成两半，取汁。1/2个橙子皮擦丝。
2. 将所有食材放入搅拌机中打成糊状。在搅拌过程中还要加些水。

刺激脂肪燃烧

热辣苹果

3个苹果 | 150克绿葡萄 | 1/2个有机柠檬 | 1块生姜（约2厘米长）| 1撮卡宴辣椒粉 | 1撮人参粉 | 1撮肉桂粉 | 2茶匙龙舌兰糖浆

制作时间：约10分钟

1. 苹果洗净，分成四份去核，并切成小块。葡萄洗净，把葡萄从葡萄梗上摘下来。柠檬洗净并取汁，柠檬皮擦丝。生姜去皮（在有机商店购买的无须去皮）并切成两半或擦成丝。
2. 将所有食材加入200毫升水放入搅拌机中打成糊状。根据口味加入卡宴辣椒粉调味，或再加龙舌兰糖浆增甜。

针对低能量的下午

劲量

1个马黛茶包或散装马黛茶 | 3个桃 | 5枝薄荷 | 100克葡萄

制作时间：约5分钟

冷却时间：约45分钟

1. 准备200毫升浓马黛茶水并冷却待用。冷却期间洗净桃子，去核并分成四份。薄荷同样洗净沥干，摘下薄荷叶。葡萄洗净，把葡萄从葡萄梗上摘下来。
2. 待茶水冷却，与其他所有食材一起放入搅拌机中打成糊状。

富含燃烧脂肪的钙

酸甜

1根大黄 | 1个芒果 | 1个苹果 | 1/2个有机柠檬 | 1把柠檬香蜂草 | 2汤匙葡萄干或者依喜好选择的其他甜味剂

制作时间：约10分钟

1. 大黄洗净，并切成小块。芒果去皮，并把果肉从果核上切下来。苹果洗净，分成四份去核，并切成小块。柠檬用热水洗净并取汁，柠檬皮擦成丝。柠檬香蜂草洗净沥干，并切成小段。
2. 将所有食材加200毫升水放入搅拌机中打成糊状。喜欢的话可以多加一些甜味剂如龙舌兰糖浆增甜。

大黄

这款思慕雪例外，你不可以饮用太多。因为大黄有轻微的润肠通便的效果。

一款真正的维生素A原精华

胡萝卜奶

1/2个芒果 | 2根胡萝卜 | 1/2个牛油果 | 2个橙子 | 1茶匙龙舌兰糖浆

制作时间：约10分钟

1. 芒果去皮，并把果肉从果核上切

下来。 胡萝卜洗净，切成小块。牛油果去核，把果肉从果皮上挖出来。橙子切成两半取汁。

2. 将所有食材加 100 毫升水放入搅拌机中打成乳状。

颜色艳丽且富含维生素

辣椒之吻

1 个红辣椒 | 3 个柑橘 | 2 个无花果，鲜的或干的 | 1 颗甜柠檬

制作时间：约 5 分钟

1. 辣椒洗净，并切成小块。柑橘去皮，分成瓣。无花果如果是鲜的，洗净，并分成四份。甜柠檬切成两半，取汁。
2. 将所有食材加入 150 毫升水放入搅拌机中打成乳状。

强有效的脂肪燃烧者

维生素助力器

1 个柚子 | 2 个有机橙子 | 1 颗红菜头 | 1 汤匙葡萄干 | 200 毫升蔓越莓汁（尽可能不加糖）

制作时间：约 10 分钟

1. 柚子和橙子去皮，分成瓣。1/2 个橙子皮擦成丝。红菜头洗净去皮，并切成小块或擦丝。
2. 将所有食材一起放入搅拌机中打成糊状。需要的话，再加少量水，或依喜好增甜。

绿色思慕雪

绿色是最健康的颜色！因此，接下来介绍的思慕雪多少都会含有这种颜色——在食材中总会有一份绿叶蔬菜。有些量小一点，有些量大一点，有些是温和的菠菜，有些是更强劲的羽衣甘蓝。但每种蔬菜都富含叶绿素。

一款美味的抗氧化“鸡尾酒”

幸福

1个石榴 | 1根胡萝卜 | 1个苹果 | 2把菠菜 | 2汤匙葡萄干或依喜

好选择的其他甜味剂

制作时间：约10分钟

1. 石榴用刀切成两半，然后掰成小块，并取出石榴籽。胡萝卜洗净，切成小块。苹果洗净，分成四份去核，并切成小块。菠菜洗净沥干切成小段。
2. 将所有食材加200毫升水放入搅拌机中打成浆。开始时用低挡，最后用最高挡搅拌。

为了皮肤、头发和快乐

女神饮

3个奇异果 | 1/2根黄瓜 | 1把水田芥 | 2根欧芹 | 1汤匙葡萄干或依喜好选择的其他甜味剂

制作时间：约5分钟

1. 奇异果去皮（在有机商店购买的无须去皮），并切成四份。黄瓜洗净，并切成小块。水田芥和欧芹洗净沥干，并切成小段。

2. 将所有食材加 100 毫升水放入搅拌机中打成糊状。开始时用低挡，再慢慢加高挡搅拌。

瘦身力 MAX

绿菠萝

1/3 个菠萝 | 1/2 个苹果 | 1 把菠菜 | 1 块生姜（约 1 厘米长）| 1 把豆芽 | 1 汤匙蓖麻（或磨碎的）| 2 汤匙枸杞 | 2 茶匙龙舌兰糖浆或者依喜好选择的其他甜味剂

制作时间：约 10 分钟

1. 菠萝去皮，并切成小块。苹果洗净，分成四份去核。菠菜洗净沥干，并切成小段。生姜去皮（在有机商店购买的无须去皮），并切成两半或擦成丝。
2. 将所有食材加 200 毫升水放入搅拌机中打成糊状。

豆芽：纯营养素

你可以从有机商店买到豆芽，或自己在玻璃培养皿中种植。如果自己种植的话，你可以尝试不同的品种，当然还要计划出两到四天时间来收获。

富含抗氧化剂

你好，浆果

1 个苹果 | 1 个牛油果 | 1 把菠菜 | 200 克冷冻的自选浆果

制作时间：约 5 分钟

1. 苹果洗净，分成四份去核，并切成小块。牛油果切成两半，去核，把果肉从果皮中挖出来。菠菜洗净沥干，并切成小段。
2. 将所有食材加 200 毫升水放入搅拌机中打成糊状。需要的话，不时搅拌，并再加些水。

新鲜、美味、果香

玻璃杯中的苹果派

2 个青苹果 | 1 根香蕉 | 1 把菠菜 | 1 根香草荚 | 2 颗去核蜜枣 | 1 撮肉桂粉 | 1 撮肉豆蔻 | 200 毫升苹果汁

制作时间：约 10 分钟

1. 苹果洗净，分成四份去核，并切成小块。香蕉去皮，分成两半。菠菜洗净沥干，并切成小段。用锋利的刀将香草荚纵向剖开，并用刀背把香草籽刮出来。
2. 将所有食材放入搅拌机中打成糊状。

燃脂又解渴

天真

3 个苹果 | 1 根黄瓜 | 1 把野莴苣 | 1 汤匙葡萄干或依喜好选择的其他甜味剂

制作时间：约 5 分钟

1. 苹果洗净，去核，切成小块。黄瓜洗净，切成小块。菠菜洗净沥干，切成小段。
2. 将所有食材加 100 毫升水放入搅拌机中打成糊状。

丰富的抗氧化剂

黑暗之谜

200 克蓝莓 | 1/2 个苹果 | 2 把羽衣甘蓝 | 3 颗去核蜜枣

制作时间：约 5 分钟

1. 拣选蓝莓并洗净。苹果洗净，分成四份去核，并切成小块。羽衣甘蓝洗净沥干，并切开。
2. 将所有食材加 200 毫升水放入搅拌机中打成糊状。

羽衣甘蓝

如果羽衣甘蓝既不够新鲜，也不是冷冻保存的，那么你可以使用红褐色的荷兰莴苣或苤蓝叶来制作这款思慕雪。不用担心它好不好消化：因为搅拌机打破了植物细胞的细胞壁，不然羽衣甘蓝的原始形态可能会给你带来消化问题。

特别美味

真正的健康

3 个番茄 | 2 个苹果 | 1 根西芹 | 3 个有机橙子 | 1 汤匙葡萄干或依喜好选择的其他甜味剂

制作时间：约 10 分钟

1. 番茄洗净，切成四份。苹果洗净，分成四份去核，并切成小块。橙子洗净，取汁，1/2 个橙子皮擦丝。
2. 将所有食材放入搅拌机中打成糊状。需要的话，加少许水。

集中的植物力量

薄荷巧克力

100 克冷冻菠菜 | 1 根香蕉（尽量切成小块冷冻起来） | 3 枝薄荷 | 2 个苹果 | 1 根香草荚 | 2 汤匙可可粉或角豆粉 | 200 毫升杏仁露

制作时间：约 5 分钟

1. 冷冻菠菜掰开。香蕉如果是新鲜

的，去皮，切成四份。薄荷洗净沥干，把叶子从茎上摘下来。苹果洗净，分成四份去核，并切成小段。用刀将香草荚纵向剖开，并用刀背把香草籽刮出来。

2. 将所有食材放入搅拌机中打成糊状。

果味温和，制作迅速

纯绿

4 个桃 | 2 把菠菜 | 3 枝薄荷 | 1 茶匙龙舌兰糖浆

制作时间：约 5 分钟

1. 桃子洗净，去核并分成四份。菠菜和薄荷同样洗净，并沥干。菠菜切成小段，薄荷叶从茎上摘下来。
2. 将所有食材加 200 毫升水放入搅拌机中打成糊状。

带来能量和自信

勇气

1 袋清淡的水果茶 | 200 克醋栗 | 1 个苹果 | 2 根欧芹 | 1/4 根黄瓜 | 2 茶匙龙舌兰糖浆或依喜好选择的其他甜味剂

制作时间：约 10 分钟

冷却时间：约 45 分钟

1. 用 200 毫升开水冲泡茶包，并放置一旁冷却待用。洗净醋栗，并把醋栗果从枝上摘下来。苹果洗净，分成四份去核，并切成小块。欧芹洗净沥干，并切成小段。黄瓜洗净，并切成小块。
2. 待茶水冷却，将所有食材放入搅拌机中打成糊状。

让自由基无机可乘

石榴炸弹

1 个大石榴 | 2 个李子 | 1 颗甜柠檬 | 1 小把蒲公英 | 1 撮肉桂粉 | 2 汤匙葡萄干

制作时间：约 10 分钟

1. 石榴切成两半，掰成小块，并取出石榴籽。李子切成两半，并去核。甜柠檬切成两半取汁。蒲公英洗净沥干，并切成小段。

2. 将所有食材加 250 毫升水放入搅拌机中打成糊状。

石榴：最好只吃籽

石榴中的白色果壁虽然富含营养素和纤维素，但是非常苦。所以出于口味的原因，尽量把它们从石榴籽中除去。而且不用担心，即使没有这些白色果壁，石榴中也含有丰富的抗氧化剂和其他营养素。最近有研究表明，石榴有助于对抗抑郁症。此外，它似乎在抵御癌症方面也发挥着重要作用。

益于免疫系统，也适合冬季食用

啼笑皆非

1 颗红菜头 | 1 把红菜头叶 | 2 个橙子 | 1 个苹果 | 1 块生姜（约 1 厘米长）

制作时间：约 10 分钟

1. 红菜头去皮，并切成四份或擦成丝。叶子洗净沥干，并切成小段。橙子去皮并分成瓣。苹果洗净，分成四份，去核并切成小块。生姜去皮（在有机商店购买的无须去皮）并切成两半或擦成丝。
2. 将所有食材加 200 毫升水放入搅拌机中打成糊状。

甜蜜的能量供应者

纯果乐

1/4 个菠萝 | 1 个橙子 | 1/2 个芒果 | 1 棵小白菜 | 2 汤匙枸杞 | 1 汤匙芝麻或磨碎的芝麻 | 200 毫升椰子水

▲

制作时间：约 10 分钟

1. 菠萝去皮，切成小块。橙子去皮，分成瓣。芒果去皮，并把果肉从果核上切下来。小白菜洗净沥干，并切成小段。
2. 将所有食材放入搅拌机中打成糊状。开始时用低挡，再慢慢加高挡，用最高挡将思慕雪搅拌成乳状。

给蔬菜爱好者

甜吧！

1 颗中等大小的红菜头 | 2 个苹果 | 1/2 个甜柠檬 | 2 把芝麻菜 | 2 枝罗勒 | 2 茶匙龙舌兰糖浆

制作时间：约 10 分钟

1. 红菜头去皮，切成八份。苹果洗净，分成四份去核，并切成小块。甜柠檬取汁。芝麻菜和罗勒洗净并沥干。把罗勒叶从茎上摘下来。
2. 将所有食材加 200 毫升水放入搅拌机中打成糊状。可依喜好多加一些龙舌兰糖浆。

健康西蓝花带来的绿色

隐藏的蔬菜

3 个梨 | 1 根香蕉 | 200 克西蓝花（新鲜或冷冻）| 2 茶匙龙舌兰糖浆

制作时间：约 5 分钟

1. 梨洗净，分成四份并去核。香蕉去皮，分成四份。西蓝花洗净，并分成小朵。
2. 将所有食材加 200 毫升水放入搅拌机中打成糊状。

所有的努力都是值得的！

荔小龙

300 克荔枝 | 1 个苹果 | 1 把菠菜 | 2 根欧芹 | 1/2 个牛油果 | 1 汤匙葡萄干或依喜好选择的其他甜味剂

制作时间：约 15 分钟

1. 荔枝剥皮去核，放在一个碗里。把流出的果汁存起来，稍后会用到。苹果洗净，分成四份去核，并切成小块。菠菜和欧芹洗净沥干，并切成小段。牛油果去核，并把果肉从果皮中挖出来。

2. 将所有食材加 200 毫升水放入搅拌机中打成糊状。

排毒又瘦身

狮心

2 个梨 | 1 把蒲公英 | 1 茶匙芝麻酱 | 1 撮肉桂粉 | 3 颗去核蜜枣

制作时间：约 5 分钟

1. 梨洗净并切成四份。蒲公英洗净沥干，并切成小段。
2. 将所有食材加 200 毫升水放入搅拌机中打成糊状。

令人耳目一新的不同

心灵之光

1/4 个菠萝 | 2 个奇异果 | 3 根西芹 | 1 汤匙蓖麻 | 1 汤匙葡萄干或依喜好选择的其他甜味剂

制作时间：约 10 分钟

1. 菠萝去皮并切成小块。奇异果去皮并切成四份。西芹洗净，并切成小段。
2. 将所有食材加 200 毫升水放入搅拌机中打成糊状。

含有长寿的营养素

延年益寿

300 克樱桃 | 1/2 个梨 | 6 片苤蓝叶 | 3 枝新鲜薄荷 | 1 汤匙葡萄干或依喜好选择的其他甜味剂

制作时间：约 10 分钟

1. 樱桃洗净沥干，并去核。梨洗净，分成四份去核，并切成小块。苤蓝叶和薄荷洗净并沥干。苤蓝叶切成小段，薄荷叶从茎上摘下来。
2. 将所有食材加 200 毫升水放入搅拌机中打成糊状。

含维生素 A 原、维生素 C 和钾

美化师

300 克油桃 | 1/2 个甜柠檬 | 2 片羽衣甘蓝叶 | 2 汤匙枸杞 | 1 茶匙龙舌兰糖浆

制作时间：约 10 分钟

1. 油桃洗净去核，并分成四份。甜柠檬取汁。羽衣甘蓝叶洗净并沥干，然后尽可能切成小块。
2. 将所有食材加 200 毫升水放入搅拌机中打成浆。开始时用低挡，再用最高挡搅拌成乳状。

强劲、味浓的脂肪燃烧者

健康冒险

3 棵樱桃萝卜 | 1 把樱桃萝卜叶 | 1 把菠菜 | 2 个梨 | 1 根西芹 | 1/4 个菠萝 | 1 汤匙葡萄干或依喜好选择的其他甜味剂

制作时间：约 10 分钟

1. 樱桃萝卜洗净并切成四份。樱桃萝卜叶和菠菜洗净沥干，并切成小段。梨和西芹洗净，切成小段。菠萝去皮，并同样切成小块。
2. 将所有食材加 200 毫升水放入搅拌机中打成糊状。

营养素最大化

绿色情人

200 克西蓝花｜1 个中等大小的西葫芦｜2 片羽衣甘蓝叶｜1 把菠菜｜1 个青苹果｜1/2 个柠檬｜1 块生姜（约 1 厘米长）｜1 茶匙龙舌兰糖浆

制作时间：约 10 分钟

1. 西蓝花和西葫芦洗净并切成小块。羽衣甘蓝叶和菠菜同样洗净沥干，并切成小段。苹果洗净，分成四份去核，并切成小块。柠檬取汁。生姜去皮（在有机商店购买的无须去皮）并切成两半或擦成丝。
2. 将所有食材加 200 毫升水放入搅拌机中打成糊状。为了获得更强的乳脂感，需要的话可多加些水。

晚上的排毒餐谱

排毒晚餐的三种选择——用于替换思慕雪方案中的正餐，同样也适合于给实际节食期后长时间的膳食以启发。

排水、清爽又排毒

闪速黄瓜沙拉

$1^1/_2$ 根有机黄瓜｜1 个牛油果｜2 根小葱｜2 根欧芹｜2 汤匙白香醋｜2 茶匙橄榄油｜海盐｜胡椒

制作时间：约 10 分钟

1. 黄瓜洗净，纵向切成四份并切成小段。牛油果切成两半，去核，把果肉从果皮中挖出来，并切成小丁。

小贴士

浸泡果干

果干，如葡萄干，也包括坚果和种子，你可以在搅拌前把它们浸泡几个小时。这样可使它们更好消化，也更易于加工。但如果你的搅拌机具有足够强力，你也可以将没有浸泡过的果干变得足够软。

将黄瓜放入沙拉碗中。小葱和欧芹洗净沥干并剁碎，放入黄瓜沙拉中。

2. 用醋、油、盐和胡椒调味。

清爽的黄瓜

黄瓜的清爽不仅体现在思慕雪中，还体现在这款美味的排毒菜之中。牛油果在里面确保了黏稠的浓度，同时也提供给你持久的饱腹感。

轻盈又饱腹

烤茄子配甜菜沙拉

1 个中等大小的茄子 | 1 瓣大蒜 | 5 茶匙橄榄油 | 1 茶匙意大利香草 | 海盐 | 胡椒 | 2 颗红菜头 | 100 克覆盆子（新鲜或冷冻）| 2 汤匙苹果醋 | 1 茶匙龙舌兰糖浆 | 1 茶匙芥末

制作时间：约 25 分钟

1. 茄子洗净，横向切片。将 4 茶匙橄榄油倒入一个深盘中。大蒜去皮，并压碎放入油中。然后把茄子片沾上蒜油。
2. 把茄子片放在烤盘上，每一面烤 5 分钟。用香草、盐和胡椒调味。
3. 制作沙拉。红菜头洗净，去皮（在有机商店购买的无须去皮）并擦成丝。把覆盆子、剩下的橄榄油、醋、龙舌兰糖浆、芥末、盐和 2 汤匙水放入搅拌机中，或用手动搅拌机搅拌均匀，作为装饰撒在沙拉上，并与烤茄子片一起装盘。

享用生红菜头

生红菜头也是一种享受，而擦成丝的则特别容易消化。不经烹调可使它充满生命力，因而也能保留大部分微量营养素，如 B 族维生素、钾和铁。

轻盈的夏日晚餐

辣番茄酱西葫芦面

1/2 个红辣椒 | 1/2 个黄椒 | 1 颗小洋葱 | 1 茶匙椰子油 | 2 汤匙番茄酱 | 300 克番茄 | 100 毫升过滤的番茄汁

| 海盐 | 胡椒 | 1茶匙龙舌兰糖浆 | 3枝罗勒 | 1瓣大蒜 | 1个大西葫芦

制作时间：约 40 分钟

1. 制作酱汁。辣椒切成两半，并去籽。其中一半洗净，切成丁。洋葱去皮，同样切成丁。在平底锅中加热油，并将蔬菜丁翻炒 3 分钟左右。然后加入番茄酱，迅速翻炒一下。
2. 番茄洗净，并切成很小的块。将番茄酱和切碎的番茄拌入翻炒的蔬菜丁中，关小火。用盐、胡椒和龙舌兰糖浆调味。罗勒洗净沥干，并切碎，加入一半的酱汁，文火煮约 15 分钟。
3. 然后把大蒜去皮，剁碎或拍碎。加入酱汁中，继续煮 5 分钟。
4. 西葫芦洗净，并用蔬菜削皮器纵向削成细条，装盘，并浇上酱汁。用剩余的罗勒装饰。

排毒甜点

有时小小的奖励比严苛的禁令有更好的激励作用——尤其是当这些奖励和以下三种甜品一样，罪恶又健康。

完美的享受

巧克力椰球

50毫升椰子油 | 300克椰丝 | 100克角豆粉或可可粉（不含糖）| 1/2根香草荚 | 3汤匙龙舌兰糖浆 | 1撮肉桂粉

制作时间：约15分钟
冷却时间：约6小时

1. 如果椰油是固态的，在水中加热溶解为液体。离火放凉。
2. 取4汤匙椰丝放在一旁待用，将剩下的椰丝与角豆粉或可可粉放在一个碗里搅拌均匀。用锋利的刀将香草荚纵向剖开，并用刀背把香草籽刮出来，加到椰丝混合物中。
3. 将液体的椰子油和龙舌兰糖浆加入混合物中。用肉桂粉调味，搅拌均匀。需要的话加些水，但混合物既不能呈固态，也不能太稀。如果太稀的话，再多加些椰丝。
4. 用手捏出15—20个小巧克力球。如果混合物太黏的话，你可以戴上一次性手套。
5. 把剩下的椰丝铺撒在盘子中，或案板上，并在上面翻滚巧克力球。然后将其密封包装起来。放入冰箱中冷藏6个小时。冷却后装盘并享用。

享用存货

巧克力球可以完好地冷冻保存。因此你可以一次性制作很多，以便随时享用这款对巧克力爱好者来说健康又美味的甜品。

瘦身脂肪，神圣的甜蜜

天空香草慕斯

1个牛油果 | 1根香蕉 | 1根香草荚 | 2茶匙龙舌兰糖浆

制作时间：约 5 分钟

1. 牛油果切成两半，去核，并把果肉从果皮中挖出来。香蕉去皮，分成四份。用锋利的刀将香草荚纵向剖开，并用刀背把香草籽刮出来。
2. 将所有食材放入搅拌机中打成糊状。在搅拌过程中小心地加入 4 汤匙水。

美味的能量供应者

新出炉的水果坚果条

200 克杏干 | 50 克去核蜜枣 | 50 克枸杞 | 10 个杏仁 | 10 个核桃 | 2 汤匙葵花子 | 2 汤匙南瓜子 | 2 汤匙芝麻 | 2 汤匙亚麻籽 | 3 个有机橙子 | 2 汤匙龙舌兰糖浆 | 50 克膨化苋菜 | 50 克燕麦片 | 1 撮肉桂粉

制作时间：约 20 分钟
烘烤时间：25—35 分钟

1. 将杏干和蜜枣用食物处理机打碎，或用刀切碎。浆果、坚果和种子同样切碎，或用食物处理机打碎。橙子取汁，并将一半的橙子皮擦成丝。
2. 将水果和坚果的混合物放入碗中。加入橙汁、橙子碎片、龙舌兰糖浆、苋菜、燕麦片和肉桂粉。将所有食材和在一起，调制成一种黏稠但又可以涂抹的混合物。需要的话，你可以多加一些橙汁或燕麦片来稀释或增稠。
3. 烤箱预热至 160℃。在烤盘上放一张烤纸，并把混合物均匀地铺在上面。依照厚度烘烤 25—35 分钟。
4. 冷却 5 分钟左右，然后用刀切成大约 12 条。

为每场冒险而准备

无论是山地远足还是城市之行——这些果条都可以带来动力，并且不给身体增添负担。在口袋里装上这些小力量包，就不会因为没有吃那些供应给饥不择食者的成分不健康的食品而感到虚弱。

以思慕雪餐作为新的开始

长远来看，减重多少的关键在于你在思慕雪周之后的生活方式。为使思慕雪周成为健康生活方式的理想（再次）开始——成为达到理想体重的真正秘诀，在这里你会获得如何制订进一步或长或短的思慕雪方案的方法，以及如何从你的生活中摆脱讨厌的“体重溜溜球”的建议。

延长节食期 & 摆脱更多体重

为期七天的思慕雪方案促进了新陈代谢，加快了脂肪燃烧，并帮你成功减掉了最初的几公斤体重。有些人甚至因此直接实现了目标，因为他离自己的理想体重只差几磅。但如果你仍有很长的路要走，并且需要更多的帮助，那么没有问题，你可以将方案延长至 14 天，甚至 21 天。这对于过度超重的人来说尤其值得推荐。即使以往曾频繁节食，这样的步骤也是值得的，因为新陈代谢往往需要更长的时间重回平衡状态。因此，请将思慕雪周重复一到两次，并依照喜好用第 122 页起的食谱库中的替代选项来更换食谱。

再见，溜溜球效应！再见，体重蹦床！

就像一个溜溜球先向下落，然后迅速弹起——我们的体重在速成节食中也是如此。我们的感受与此也是完全一样的，只要新裤子不再合身，或是体重秤上的数字在刚结束节食后迅速上升，那么，瘦身成功带来的最初喜悦就会在不久之后被沮丧、愤怒和失望所取代。

小贴士

你就是头儿！

在为期七天的节食中，你肯定已经发现了，在你的一天中何时最适合饮用思慕雪，而何时想要食用固态的正餐。此外，你肯定也已经对如何变换出新的思慕雪和排毒菜的菜谱有了主意。因此，让我们做自己的厨师，用这里给出的食谱和自己的想法来排好节食期后的个性化餐单。

不幸的是，情感上和身体上的过山车是我们在使用所有可能的极端节食、饥饿疗法和减肥药时都会遇到的。而这种过山车意味着对我们身心的双重压力，从而自然使瘦身变得更加困难。因此我们的反应往往是放弃，直到下一次节食潮流或奇效药给予我们站不住脚的承诺。

为何出现溜溜球效应？

每当你的身体切换到它的紧急状态时，例如在严格限制卡路里摄入的速成节食中，体重蹦床就会突然出现。这种不讨好的机制可以确保我们度过饥荒，实现了一个进化意义上的明确目的。我们的身体本身当然无法区分节食期间规定的饥饿和危机引起的严重食物短缺。因此，当我们想要瘦身并进行一个相应的疗程时，身体也会大大减小我们的能量消耗。即使在同样的负担下，我们也只会消耗更少的卡路里，因为身体的能量消耗会调整到一个绝对最小值，以便能够尽可能长时间地生存。

但是当节食期结束之后，又会发生什么呢？我们的卡路里摄入量直线上升，而我们的身体仍然设定在营养摄入量较小的状态下，继续将更少的热量转化成能量并为将来的紧急情况而将更多的热量储藏在臀部，并陷入恶性循环。因此，最终高兴的只有在德国营业额高达数十亿美元的瘦身行业及其众多分支产业。我们在瘦身方面速战速决的企图只能使这些行业获得收益，可惜却完全帮不到我们自己。

长期的瘦身

饥饿期与重新增重的恶性循环需要被打破。为此，思慕雪方案可以提供帮助，因为在方案中你已经直接了解并实践了健康生活方式中最重要的原则：在身体真正饥饿后供应全部营养素，以及除健康饮食外还包含适量运动的充满活力的生活方式。在与多余体重的斗争中，瘦身勋章的这两面共同构成了胜利的真正奖章。

因此，只要你将思慕雪方案视作一种自然生活方式的再次开始，并在方案中及以后经常享用思慕雪和碱性食物，而不是工业化生产的产品，那么你就可以谨慎又从容地达成你的体重和健康目标，并且能够终生保持。这一切还可以制造快乐，这是一个很好的“副作用”，确保你能够坚持下去。

小贴士

继续活跃!

在方案周之后别忘了继续有规律地做运动。每两天至少做一次 30 分钟的轻耐力训练，这将是理想的运动方式。

节假日和大量进食之后的增压疗程

如果你暂时失去方向，一个思慕雪周末可以使你再次回归疗程。

需要的话，你可以随时重复进行思慕雪周。但有时你并不需要完整的一周方案。如果你长期保持健康和平衡的饮食，但突然陷入了旧的模式，那么用新鲜食物进行短期恢复就足够了，尤其是当圣诞假期、婚礼庆典或工作中的巨大压力使你的决心和好习惯陷入危险，甚至已经造成破坏时。

如果你在出现这些情况后可以直接重回健康生活的一面，那这本身并没有那么糟糕。只不过一块结婚蛋糕很少单独出现，一板失意巧克力往往也会直接带来许多“甜蜜的朋友”。因此，在这种情况下，当你迷失在内疚、诱人的发胖食品和著名的“明天我将彻底改变”之前，一个只持续两到三天的思慕雪增压疗程是值得尝试的。

短短几天，改变一切

你应当为这样一个周末方案提前设置好一个启动日，在这一天你会避开某些特定食物，并把其他强化食物纳入这一天的膳食计划——正如一周疗程的开端，参见第73页起的内容。对于增压疗程来说，你要从思慕雪方案中选出两到三天你喜欢的日程，见第101页起的内容。与疗程相联系，第151页起的关于长期保持苗条的生活方式的提示可以给你提供帮助。

自行决定享乐的日程，
你会为此感到高兴。

走向自然纤细生活的15条指南

思慕雪方案是一个相当短暂，却能持续改变生活的疗程。把节食理解成“生活方式”，正如这个词在希腊语中的原始定义。因此，这里最后提供一些积极的生活指南，它们将确保你在思慕雪方案之后长时间获得并保持在瘦身上的成功。

1. 健康的生活方式，而不是终生节食

在瘦身上的速成方式，如禁食或吃瘦身药，只会带来可怕的体重溜溜球。尤其是当你已经进行过多次节食，而你的新陈代谢必须重归平衡时，只有一个正确的选择：一种健康的生活方式，在其中你会缓慢但持续地减掉体重并能发现新的生活乐趣。

2. 来自大自然的天然

你的身体喜欢纯净的食物。它们不仅会带来长时间的饱腹感，提供重要的营养素和生命物质，而且不含会打乱激素平衡的人工添加剂。营养价值全面的产品应始终是构成你的膳食的基础，而成品和高度加工的食品，如糖或白面作为偶尔的享受，则只能是一个小角色。

3. 喝，喝，喝

两到三升的水、草本茶和新鲜（稀释）的果蔬汁每天都应当摆在桌子上。这样可以维持你新陈代谢的平衡，防止头痛，甚至可以抵抗小小的饥饿。因为我们经常错误地把口渴当成了饥饿——一大杯水就可以矫正过来。瘦身的敌人是碳酸饮料、软饮料、加糖的果汁饮料、甜咖啡或茶和啤酒。

> 你能给身体的，
> 没有什么比新鲜蔬菜、
> 叶类蔬菜和水果更好了，
> 最好是有机品质的。

4. 永远的思慕雪！

没有理由因为方案进行了一到两周之后，而结束你的思慕雪时间。相反，你现在清楚地知道思慕雪味道怎样，以及它们是如何起作用的。因此，你应该在未来的每一天都利用好这种特殊饮品的振奋、排毒和瘦身力量。

5. 不再用禁令！

虽然比萨、饼干、羊角面包之类的食品不能每天出现在你的饮食计划中，但它们也不应被完全禁止。强制和绝对禁止只会导致压力和暴饮暴食，而这两者都会使你的体重和你的健康产生不健康的起落。最好是偶尔享用那些虽然不位列健康榜首，但会使你感到快乐的菜肴。这样可以防止饥饿感和“明天我将彻底改变”的模式。

6. 总是在运动

燃烧，而不是计算卡路里，你在思慕雪方案中已经知道了这个座右铭。如果你已经习惯了遵照它去生活，那么你在任何情况下都要保持。运动的乐趣比遵循特定的方案更加重要，因为这样你可以长期坚持进行下去——球类运动、哑铃或瑜伽。每两天在你的日常生活中进行一次运动。这是一个很好的雪球效应，你的身体需求更多的液体和新鲜食物——因而你会吃得更加健康。并且，内心的贪婪很快就不再有力气咆哮了。

7. 你的身体最清楚

食用天然食品会使你的身体恢复平衡状态，并使你更加可以信赖身体发出的信号。因此不要按照时间来校准你的进餐频率，而是依据身体的信号。只有在你真的饿了的时候才去吃东西，并用直觉来指导食材的选择和制作。建议更多地用清爽的沙拉和动力水果来代替薯条和蛋糕。

8. 途中的充足装备

在路上感到饥饿是难以无视的诱惑。含味精的味道浓烈的面条、带有增味剂的咖喱香肠、全糖的肉桂卷——只有一样东西是有用的，在口袋中随手可取的替代品。养成出门前总在口袋中放一些水果、坚果或无糖麦片的习惯吧。

9. 忘掉体重秤

定期称重可能造成许多后果，如压力、失望、情绪乒乓球和过分执着，而不是更轻松地瘦身。最后，体重秤上的数字是你成功的一个不正确的指示器，因为通过更多的运动，取代脂肪的是更重的肌肉。因此，最好一周只称重一次，然后把体重秤扔到柜子里。此外，一款带有生物阻抗分析的体重秤能够提供更多信息，也可以测量身体脂肪的比重。

10. 不要因压力而受到压力

找出处理压力和消极情绪的新方法。很多时候，情绪化饮食是超重的原因之一。也就是说，当我们情绪负担过重时，会诉诸油性食品或甜食。因此，重要的是找到健康的替代品，因为巧克力对失恋的帮助与冰淇淋对一个不公正的老板的作用一样少。写下让你感到快乐的事物清单并随身携带，以便随时能够从中得到鼓舞。

11. 睡出苗条

睡眠不足会产生类似于压力的影响。每晚不到 5 个小时的睡眠会给我们造成激素分泌失调，“饥饿激素”增加，而“饱腹激素”变少。因此，不要缩减睡眠时间。

12. 不绝食

不要只为在很短的时间内达到体

小贴士

令你快乐的活动

有很多美好的事物，可以让我们正确地宠爱自己。最好制作一张写有对你有益的享乐活动的个人清单。

我的清单如下：

- 长距离散步
- 热茶和一本好书
- 打雪仗，滑雪橇
- 享受阳光
- 冥想
- 蜷伏和拥抱
- 写日记
- 送自己鲜花
- 开车到海边
- 观赏艺术
- 给自己做饭
- 举办一个游戏之夜
- 绘画和设计
- 爱
- 释放

重秤上的一个特定数字，而突然把你的卡路里摄入量降得很低。你最终会为此双倍偿付——你的身体出于抗议而积累起的额外体重，以及遭到破坏的新陈代谢使重新摆脱新增体重更加困难。与其为在特殊场合穿回最喜爱的裙子而节食，倒不如在美发或美甲上投资。有很多方法可以快速地重新找到漂亮的感觉，还没有长期的损害。

13. 平静中蕴含着力量

我们的大脑从胃那里得到它饱了的信号，需要足足 20 分钟。然而在这段时间内我们常常是继续在吃，而且我们最后还会出现令人不适的饱胀感。因此，我们应该花些时间在吃饭上，那么在你饱了的时候就能直接感觉得到。

14. 过敏和不耐受

超重一个常被忽视的原因是食物不耐受。例如，患谷朊或乳糖不耐症

充足的睡眠和足量的运动一样重要。

的人数持续增加。如果这种不耐受未被发现，那它常常会引起消化不良和嗜睡。如果你怀疑自己对特定的食物不耐受，最好的检验方法是排查对哪些食物过敏。但是，由于这样的检测是十分昂贵的，你也可以选择 12 种最常见的过敏原来观察你对它们的反应：鸡蛋、奶制品、坚果、鱼类、贝类、大豆、花生、二氧化硫、谷朊、芹菜、芝麻和芥末。把每种可能的过敏原从你的膳食中持续删除 14 天，并记录下你在这期间的感受。

15. 一颗热爱蔬菜的心

最后还要强调，蔬菜的高营养密度首先确保了，你在少量卡路里中获取大量营养素，用于保持健美和苗条。

名目索引

W

X

Y

Z

其他

食谱索引

L

M

N

Q

R

S

图书在版编目（CIP）数据

瘦身思慕雪 /（德）尚塔尔-弗勒尔·桑德容著；高杉译. —南京：译林出版社，2017.9

ISBN 978-7-5447-7032-3

Ⅰ.①瘦… Ⅱ.①尚… ②高… Ⅲ.①饮料 - 制作 Ⅳ.①TS27

中国版本图书馆 CIP 数据核字（2017）第184465号

著作权合同登记号　图字：10-2016-563 号

瘦身思慕雪〔德国〕尚塔尔-弗勒尔·桑德容／著　高杉／译

责任编辑　陆元昶
特约编辑　时音菠
装帧设计　Metis 灵动视线
校　　对　肖飞燕
责任印制　贺　伟

原文出版　GRÄFE UND UNZER, 2014
出版发行　译林出版社
地　　址　南京市湖南路 1 号 A 楼
邮　　箱　yilin@yilin.com
网　　址　www.yilin.com
市场热线　010-85376701
排　　版　张立波
印　　刷　北京旭丰源印刷技术有限公司
开　　本　710 毫米 ×1000 毫米　1/16
印　　张　10.25
版　　次　2017 年 9 月第 1 版　2017 年 9 月第 1 次印刷
书　　号　ISBN 978-7-5447-7032-3
定　　价　39.80 元